Ce qu'Einstein aurait pu dire à sa cuisinière

Consultez nos parutions sur dunod.com

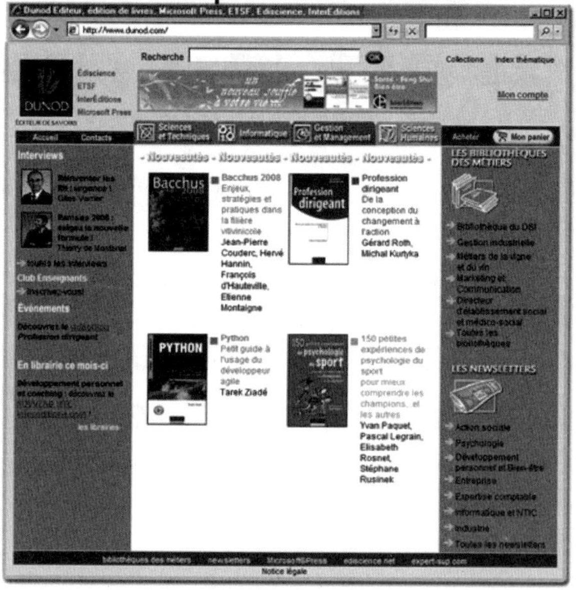

Robert L. Wolke

Ce qu'Einstein aurait pu dire à sa cuisinière

Quelques réponses sucrées à des questions salées ... avec recettes

Traduit de l'américain par
Anne-Marie Frisque-Hesbain

DUNOD

L'édition originale de cet ouvrage a été publiée en 2005 aux États-Unis par W. W. Norton Company sous le titre : *What Einstein told his cook.*

This translation of *What Einstein told his cook,* originally published in English in 2005 by W. W. Norton Company, is published by arrangement with W. W. Norton Company.

Illustration de couverture : « Les Shadoks »,
dessin original de Jacques ROUXEL

ISBN : 978 2 10 050776 4

Table des matières

Avant-propos

Récemment, l'intérêt pour les réalisations culinaires ainsi que pour les aliments a connu une explosion spectaculaire.

Simultanément, s'est développé le désir de comprendre les principes chimiques et physiques qui sous-tendent la diététique de notre alimentation. Ce livre explique ce que cachent nos aliments et le fonctionnement des outils que nous utilisons pour les préparer.

La table de matières et l'index vous faciliteront l'accès aux explicitations des notions présentées et qui titillent votre esprit curieux. Il est vrai que les technologies d'aujourd'hui rendent l'accès possible à de nombreux produits nouveaux et nous réalisons que nos questions culinaires commencent au marché.

C'est pourquoi l'auteur de ce livre y a inclus non seulement une discussion sur les produits naturels mais aussi sur les produits de la cuisine moderne, leur provenance, leur constitution et les conséquences pratiques qui en découlent, tant pour le chef cuisinier que pour le consommateur.

Tenant compte de son expérience d'enseignant, l'auteur propose deux approches positives pour expliquer la science culinaire : l'une que je nommerais « méthode académique », tandis que l'autre approche est dite « expérimentale ».

En utilisant la méthode académique, il faudrait écrire ce qu'on a l'habitude d'appeler un *syllabus* en sciences culinaires.

Muni de son parchemin, l'étudiant, voyageant de par le monde, pourrait appliquer ses connaissances acquises et résoudre les problèmes pratiques qui pourraient surgir.

Présumant de la maîtrise de ses cours ainsi que de sa capacité de mémorisation, chaque fois que cela serait nécessaire, notre diplômé aurait malgré tout à faire face à pas mal de méprises.

Notre expérience d'enseignant, tout comme la vôtre d'ancien étudiant, témoigneront de la futilité de cette approche.

En résumé, la méthode académique essaie de fournir des réponses avant même que la question se pose, alors que dans la vie les questions surgissent sans crier gare et doivent être résolues au moment même.

Mais que se passerait-il si nous ne pouvions fouiner dans un tas de sciences acquises ? Chaque fois que vous êtes décontenancé, vous devriez aussi demander conseil à un scientifique pour qu'il vous explique et qu'il résolve le problème spécifique, tout comme Einstein l'aurait fait pour sa cuisinière ! Si vous ne trouvez pas ce scientifique, veillez à avoir sous la main une compilation de questions-réponses.

Dans ce livre, chaque question est indépendante et vous y trouverez ce qui vous trotte dans la tête, sans pour autant devoir maîtriser une série de concepts.

L'auteur s'efforce de n'utiliser que des mots définis au préalable. Toutefois, pour maîtriser la compréhension du sujet, il s'autorise certaines répétitions.

L'une des décisions difficiles qu'il a prise fut d'écrire un livre de science comportant des explications compréhensibles pour celles et ceux qui n'ont bénéficié que d'un cours de science élémentaire et qui, néanmoins, ont gardé un esprit avide de savoir ainsi que la volonté de s'informer.

Il est aussi destiné à ces scientifiques et chefs cuisiniers qui ont une formation certaine et qui ont décidé par goût ou par plaisir de mettre à jour leurs connaissances culinaires.

Les concepts sont dès lors présentés en langage non-technique en utilisant des comparaisons et des métaphores de la vie quotidienne.

Miguel de Cervantès écrit dans son *Don Quichotte della mancha* que la faim est la meilleure sauce et l'humour le meilleur digestif.

Et nous, pouvons-nous vraiment apprécier un repas sans blaguer quelque peu ?

Chapitre 1

En douceur…

Parmi nos cinq sens les plus connus, le toucher, l'audition, la vision, l'odorat et le goût, seuls les deux derniers sont de nature entièrement chimique, c'est-à-dire qu'ils ont la capacité de détecter des molécules chimiques. Grâce à nos remarquables sens du goût et de l'odorat, nous ressentons différentes sensations gustatives et olfactives lorsque nous sommes en contact avec des molécules de nature différente.

Vous rencontrerez tout au long de ce livre le mot « molécule ». Ne paniquez pas ! Tout ce que vous avez besoin de savoir c'est que les molécules sont, pour reprendre le langage des enfants, « des espèces de machins dont sont faites les choses ». Cette notion de la molécule ainsi que son corollaire, selon lequel les matières sont différentes lorsqu'elles sont constituées de molécules différentes, vous seront très utiles.

L'odorat ne peut détecter que les molécules gazeuses flottant dans l'air. Le goût détecte uniquement les molécules dissoutes dans l'eau, que ce soit le liquide propre à l'aliment ou la salive. Comme pour bien d'autres animaux, c'est l'odorat qui nous attire vers la nourriture et le goût qui nous aide à trouver les aliments comestibles et appétissants.

Ce que nous nommons saveur est la combinaison des odeurs détectées par notre nez et des goûts détectés par nos papilles gustatives. À cela s'ajoute l'effet de la température, du piquant (le mordant des épices) et de la texture (la structure et la sensation de la nourriture dans la bouche). Les récepteurs olfactifs de notre nez peuvent différencier des milliers d'odeurs diverses et contribuent approximativement à 80 pour cent de la saveur. Si ce taux vous paraît élevé, rappelez-vous que la bouche et le nez sont connectés de façon telle que les molécules gazeuses libérées dans la bouche lors de la mastication peuvent remonter dans la cavité nasale. Avaler crée en outre un vide partiel dans la cavité nasale et fait remonter l'air de la bouche vers le nez.

Comparé à notre sens olfactif, notre sens gustatif est assez faible. Nos papilles gustatives sont principalement réparties sur la langue, sur la voûte du palais (partie avant dure et osseuse) et sur le palais mou (partie postérieure membraneuse dite voile du palais). Celui-ci se termine dans la luette (petit appendice mobile et contractile qui pend devant la gorge).

Traditionnellement, on ne considérait que quatre goûts principaux : doux, acide, salé et amer, avec pour chacun d'eux des papilles spécialisées. À présent, il est généralement admis qu'il existe au moins un autre goût primaire, connu par son nom japonais, unami. Il est associé au MSG (monoglutamate de sodium) et à d'autres dérivés de l'acide glutamique (l'un des acides aminés, constituants des protéines). L'unami est une saveur associée aux aliments riches en protéines tels la viande et le fromage. En outre, à l'heure actuelle, on ne croit plus que chaque type de papille répond exclusivement à une seule espèce de stimuli, mais que, dans une moindre mesure, chaque papille peut également réagir à d'autres stimuli.

Par conséquent, la « carte de la langue » reproduite dans les manuels est d'une simplification excessive. Elle localise les papilles sensibles au sucré, sur le bout de la langue; au salé, de chaque côté de la pointe de la langue; à l'acidité et au goût aigre, de chaque côté de la langue; au goût amer, à l'arrière de la langue. Cette carte nous montre uniquement les zones les plus sensibles aux goûts primaires. Ce que nous goûtons réellement résulte de l'ensemble des stimuli de tous les récepteurs du goût, les cellules situées à l'intérieur des papilles gustatives qui détectent réellement les différents goûts. Récemment, le séquençage du génome humain a permis aux chercheurs d'identifier les gènes qui codent le goût sucré et le goût amer. Ils n'ont pas encore identifié les récepteurs des autres saveurs.

Lorsque les stimuli combinés du goût, de l'odeur et de la texture atteignent le cerveau, ce dernier doit encore les interpréter. La combinaison globale nous sera plaisante, répugnante ou entre les deux selon nos différences physiologiques individuelles, nos expériences passées (« c'est exactement comme le faisait ma mère »), ou nos habitudes culturelles (« Qui reprendra un peu de panse de brebis farcie ? »).

Une sensation gustative, le sucré, est indéniablement la sensation favorite de l'espèce humaine ainsi que de bien d'autres espèces animales depuis les colibris jusqu'aux chevaux. Très rares sont ceux qui n'aiment pas le sucre. La nature nous incite dans ce sens en nous présentant des friandises excellentes au goût sucré comme les fruits mûrs et au contraire certaines substances toxiques au goût amer, comme celles qui contiennent des alcaloïdes. (Les alcaloïdes sont des produits chimiques présents dans certaines plantes, parmi lesquels la morphine, la strychnine, la nicotine, sans parler de la caféine.)

Nos menus ne comportent qu'un seul plat entièrement voué à la saveur sucrée, c'est le dessert. Les amuse-gueules peuvent être savoureux, le plat principal peut être constitué d'une combinaison complexe de saveurs, mais le dessert est invariablement et parfois exagérément sucré.

Nous adorons les douceurs au point d'utiliser ce concept en termes charmeurs. Ne dit-on pas « ma dulcinée », « un propos doux comme du miel » afin de décrire quelqu'un ou quelque chose de particulièrement agréable ? Que dire d'une musique douce, de douces paroles ?

Lorsque nous pensons à la douceur, nous songeons immédiatement au sucre. Mais le mot *sucre* ne désigne pas une substance unique. Il s'agit d'un terme générique pour toute une famille de composés chimiques naturels qui, avec les amidons, appartiennent à la famille des hydrates de carbone, dénommés actuellement glucides.

Ainsi, avant de satisfaire notre penchant pour le sucré, avant de débuter notre « repas scientifique » par le dessert, nous devons situer les sucres parmi les glucides.

1. Le plein, s'il vous plaît

☞ **Je sais que l'amidon et le sucre sont tous deux des glucides, mais ce sont des substances très différentes. Pourquoi sont-elles regroupées dans la même catégorie, lorsque l'on parle de nutrition ?**

En un mot, ce sont tous deux des combustibles ! On pourrait comparer un coureur de fond qui se gorge de sucre avant la course à un automobiliste qui fait le plein d'essence à la station-service avant d'effectuer un déplacement.

Les glucides constituent une classe de produits chimiques naturels qui jouent un rôle vital dans le monde du vivant. Les plantes et les animaux fabriquent, emmagasinent et consomment des amidons et des sucres pour se procurer de l'énergie. La cellulose, un glucide complexe, forme les parois cellulaires et la charpente structurale des plantes.

Ces composés ont été nommés hydrates de carbone au début du XVIIIe siècle lorsqu'on s'est aperçu que la plupart de leurs formules chimiques pouvaient s'écrire comme formés d'atomes de carbone (C) et de molécules d'eau (H_2O). D'où le nom d'hydrate de carbone ou « carbone hydraté ». Nous savons aujourd'hui qu'une formule aussi simple n'est pas valable pour tous les hydrates de carbone. Et nous les nommons dès lors glucides.

La similitude chimique qui unit tous les glucides consiste en ce que leurs molécules contiennent toutes du glucose. Du fait de la présence des glucides dans les plantes et les animaux, le glucose est probablement la molécule biologique la plus répandue sur la Terre. Notre métabolisme fragmente tous les glucides en glucose, un « sucre simple » (en langage scientifique, un monosaccharide) qui circule dans le sang et fournit de l'énergie à chaque cellule du corps. Le fructose est un autre « sucre simple ». Il se retrouve dans le miel et dans de nombreux fruits.

Lorsque deux molécules de sucre simple se combinent, elles forment un « sucre double » ou disaccharide. Le sucrose ou saccharose, ce sucre que vous retrouvez dans votre sucrier et dans le nectar des fleurs qui décorent notre table, est un disaccharide composé de glucose et de fructose. Parmi d'autres disaccharides, citons le maltose (ou sucre de malt), le lactose (ou sucre de lait), un sucre que l'on retrouve uniquement chez les mammifères, mais jamais dans les plantes.

Les glucides complexes ou « polysaccharides » sont formés à partir de nombreux sucres simples, on en retrouve souvent des centaines !

La cellulose et l'amidon font partie des polysaccharides. Les aliments, tels que les pois, les fèves, les céréales et les pommes de terre contiennent à la fois de la cellulose et de l'amidon. La cellulose n'est pas digestible pour les humains (les termites peuvent la digérer). Mais c'est une source importante de fibre dans notre régime alimentaire. Les amidons sont notre principale source d'énergie parce qu'ils se fragmentent graduellement en centaines de molécules de glucose. Voilà pourquoi, j'ai dit que faire le plein en glucides est comme faire le plein d'essence.

Aussi différents que puissent être tous ces glucides en termes de structure moléculaire, ils fournissent tous à notre métabolisme la même quantité d'énergie, environ 4 calories par gramme. Logique, puisqu'ils sont tous fondamentalement du glucose.

Regardez dans vos placards : vous y trouverez probablement deux amidons purs : la farine de maïs et l'arrow-root. Vous savez très bien d'où provient la farine de maïs. Mais, avez-vous déjà vu de l'arrow-root ? Cette plante vivace pousse en Inde où elle s'appelle Aircuma et appartient à la même famille que le gingembre. Au Brésil et en Afrique, elle s'appelle tapioca et est extraite du manioc. En Floride, elle s'appelle sago. Aux Antilles, on la surnomme aru-aru. À Hawaii, la plante provient du pica.

La chair de ce rhizome souterrain est charnue et constituée d'amidon pur. Les rhizomes sont grillés, lavés, séchés et moulus. La poudre ainsi obtenue est utilisée pour épaissir les sauces et les desserts. Mais, l'arrow-root joue son rôle d'épaississant à une température plus basse que l'amidon du maïs. Il est donc plus efficace pour épaissir les crèmes anglaises et les puddings qui contiennent des œufs et qui de ce fait pourraient cailler lors d'une augmentation de température.

2. Dur à avaler

☞ **Les « boutiques diététiques » présentent plusieurs sortes de sucres bruts. Diffèrent-ils du sucre raffiné ?**

Non ! Pas autant que vous pourriez le croire. Ce que ces « boutiques diététiques » nomment sucre brut n'est brut que parce qu'il n'est que partiellement raffiné.

Depuis le début de l'histoire de l'humanité, le miel était le seul « produit sucré » connu des Hommes. La canne à sucre était connue en Inde depuis environ trois mille ans. Toutefois, ce n'est que vers le VIIIe siècle de notre ère qu'elle parvient en Afrique du Nord ainsi que dans le Sud de l'Europe.

Coup de chance pour nous tous ! La belle-mère de Christophe Colomb possédait une plantation de canne à sucre. Non, non, je n'invente pas ! Dès avant son mariage, Christophe transférait le sucre provenant des champs de canne à sucre, de l'île de Madère à Gènes. Ensuite, il eut vraisemblablement l'idée de transporter quelques plants de canne à sucre jusqu'aux Caraïbes. C'était en 1493 lors de son second voyage au Nouveau Monde. Nous connaissons la suite ! Aujourd'hui, la consommation annuelle moyenne de sucre d'un Américain se situe aux environs de 20 kg, ce qui représente 4 sacs de 5 kg. (Notre consommation est à peu près identique.) Étalez ces 20 kg de sucre sur votre table de cuisine et vous aurez sous les yeux votre consommation annuelle. Ce sucre ne provient pas uniquement du paquet de sucre que vous achetez, le sucre est présent dans un nombre impressionnant d'aliments préparés.

On dit souvent que les différents sucres roux sont plus sains que les sucres raffinés car ils contiennent plus de substances naturelles. Il est vrai qu'ils contiennent une variété plus grande de sels minéraux. Toutefois, ils contiennent aussi la poussière, toute naturelle en somme, des champs de canne à sucre. Néanmoins, ils ne contiennent aucun élément que l'on ne peut retrouver également dans des dizaines d'autres aliments. Par ailleurs, il vous faudrait ingurgiter une dose peu recommandable de sucre brun pour couvrir vos besoins journaliers en minéraux.

Faisons à présent un bref tour d'horizon et voyons ensemble ce qui se pratique d'une part à l'usine, localisée à proximité des champs de canne à sucre, et d'autre part à la raffinerie qui peut se trouver à distance de ceux-ci.

La canne à sucre pousse dans les régions tropicales. Les plantes se présentent sous forme de tiges de plus ou moins 3 m de haut et de 2,5 cm de diamètre. Elles sont coupées au moyen d'une machette. Arrivées à l'usine, appelée aussi « moulin », les tiges sont tranchées grossièrement et passées au pressoir. Le jus pressé est clarifié par addition de citron vert. Ensuite, on laisse reposer le jus avant de le porter à ébullition, sous vide partiel (sous vide, la température d'ébullition est plus basse). Il restera en fin d'opération un sirop épais de couleur brune due à un concentré d'impuretés. En concentrant le sirop par évaporation de l'eau, la concentration en sucre devient telle que, ne pouvant plus se dissoudre dans l'eau, le sucre cristallise. En jargon scientifique, on dira que la solution est sursaturée en sucre. Ces cristaux encore humides sont ensuite passés à la centrifugeuse, tambour transpercé de petits trous et agissant comme le tambour de votre machine à laver où l'eau s'évacue durant le cycle d'essorage. Dans le cas qui nous occupe, le liquide sirupeux, nommé mélasse, est rejeté hors du tambour, laissant dans la centrifugeuse un sucre brun encore un peu humide en mélange avec des levures, des moisissures, des bactéries, de la terre, des fibres et différents débris d'insectes et de plantes, ce qui donne la couleur au sirop. C'est le vrai sucre brut que la FDA (*Food and Drug Administration*) déclare être impropre à la consommation.

Le sucre brut est ensuite convoyé à la raffinerie, où il est purifié par lavage. Il est ensuite dissous à nouveau, recristallisé et centrifugé par deux fois afin d'obtenir un sucre progressivement plus pur, séparé d'une mélasse plus foncée et de plus en plus concentrée. Celle-ci exhale une odeur plus parfumée due à de nombreux composants non sucrés que certains nomment les cendres du jus de canne.

Les boutiques diététiques font croire qu'elles vendent du sucre « brut » ou « non raffiné ». Or ce qu'elles vendent est du sucre « turbinado » de couleur brunâtre, obtenu en lavant à la vapeur, en recristallisant et en centrifugeant une seconde fois le sucre brut. Cela se nomme « raffiner ». En Europe, on utilise comme sucre de table un sucre similaire de couleur pâle à gros grain vendu sous le label de « sucre de Demerara » ou cassonade. Il provient de l'île Maurice, à proximité des côtes malgaches. C'est un sucre de canne dont les plantes croissent sur un sol riche et volcanique.

Le sucre « jaggery », produit en Inde, est un sucre de couleur brun foncé. De type « turbinado », il est extrait de certains palmiers. Lorsque le jus est bouilli en un récipient ouvert, il atteint de ce fait une température supérieure à la température d'ébullition qu'atteignent les jus de canne bouillis sous vide partiel. Cette plus haute température confère à ce sucre une saveur de caramel. La distillation à cette température entraîne la scission du saccharose en glucose et en fructose. La présence de ces deux constituants confère à ce sucre davantage de douceur que n'aurait pu le faire le simple saccharose. Le sucre « jaggery » est le plus souvent présenté à la vente sous forme de bloc, tout comme la majorité des sucres bruns vendus dans le monde.

La saveur unique de la mélasse a été décrite comme terreuse, douce et fumée. La mélasse de première cristallisation du sucre est légèrement colorée et peu goûteuse. Elle est utilisée comme sirop de table. La mélasse de deuxième cristallisation est plus foncée et plus robuste et son utilisation est réservée à la cuisine. La dernière mélasse, sombre et très concentrée, appelée « sucre candi », a un goût fort et amer.

Un morceau de canne à sucre bien propre peut être un véritable régal. De nombreux habitants de régions où poussent les cannes à sucre, et plus particulièrement les enfants, aiment mâcher des bâtons de sucre de canne. Ils sont très fibreux et le jus est vraiment délicieux.

3. Pour gourmet raffiné

☞ **Est-ce vrai ou n'est-ce qu'un bobard que le sucre blanc raffiné est mauvais pour la santé ?**

Pour ma part, cette rumeur est mystérieuse. Il semble que le mot « raffiné » évoque pour certaines personnes une transgression des lois de la nature et l'audace de supprimer certains constituants indésirables d'un aliment avant toute consommation. Le sucre blanc n'est que du sucre brut dont on a retiré les autres constituants.

Lorsqu'au terme de trois cristallisations successives, le sucre est raffiné, tout ce qui n'est pas saccharose pur (nommé parfois sucrose) a été éliminé et ce résidu se retrouve dans la mélasse. L'utilisation en cuisine d'un sucre roux ou d'un sucre plus sombre et plus corsé n'est qu'une question de goût.

Plusieurs sucres bruns, sucres roux ou cassonades, proposés à la vente, sont obtenus par vaporisation de mélasse sur un sucre blanc raffiné, ce qui est plus rentable que d'interrompre le processus de raffinage, à plusieurs reprises. On peut néanmoins trouver dans le commerce des sucres traditionnels.

À présent, voulez-vous mon point de vue ?

À l'état brut, on retrouve dans le jus de canne à sucre le saccharose et un ensemble de composants qui finiront dans la mélasse. Quelqu'un peut-il donc m'expliquer pourquoi la fraction de saccharose pur devient malsaine ? Le sucre brun que vous estimez plus sain contient autant de saccharose qu'un sucre raffiné, avec en plus des résidus de mélasse. Le saccharose pur serait-il mauvais sous cette forme raffinée ?

Raffinée, divine, superfine
La meringue : un doux baiser

Cette préparation croustillante se prépare essentiellement à partir de sucre blanc : les grains très fins de sucre se dissolvent rapidement dans le blanc d'œuf. Les meringues sont connues pour absorber l'humidité de l'air. Ne les préparez donc que par temps sec.

La recette proposée ici se prépare avec trois blancs d'œufs. Mais, si vous avez davantage de blancs d'œufs, aménagez la recette comme ceci : pour chaque blanc d'œuf supplémentaire, ajoutez un peu de crème de tartre, trois cuillerées à soupe de sucre superfin et une demi-cuillerée à café de vanille. Après avoir fouetté le tout, ajoutez une cuillerée à soupe de sucre puis passez à la troisième étape ci-dessous.

Ingrédients pour 40 meringues

- 3 grands blancs d'œufs à température ambiante
- une pincée de crème de tartre
- 12 cuillerées à café de sucre superfin
- 1,5 cuillerée à café de vanille

Préchauffez le four à 120 °C et préparez deux feuilles de papier sulfurisé.

Battez les blancs en neige dans un saladier avec un peu de crème de tartre. Ajoutez-y graduellement 9 cuillerées à café de sucre en continuant à fouetter le mélange jusqu'à ce que les blancs d'œufs montés en neige soient à la fois lisses et fermes, et forment des pics lorsqu'on soulève le batteur. Ajoutez la vanille. En utilisant une spatule, ajoutez les 3 cuillerées à café de sucre restant.

Étendez une demi-cuillerée à café de meringue aux quatre coins du papier sulfurisé pour l'empêcher de glisser. Déposez ensuite des cuillerées de la préparation de blanc d'œuf sur les feuilles de papier sulfurisé. Si vous voulez une présentation plus fantaisiste, faites de petites poches avec le papier.

Laissez-les cuire pendant 60 minutes. Éteignez le four et laissez-y les meringues pendant 30 minutes. Enlevez les meringues du four et laissez-les reposer pendant 5 minutes. Conservez les meringues dans une boîte hermétique où elles resteront croustillantes à souhait indéfiniment ou presque.

4. Rafraîchissement stimulant

☞ **Lorsque je sucre du thé glacé (*ice tea*) avec du sucre en poudre, celui-ci forme des grumeaux collants.**
Pourquoi ?

Bien vu ! Mais, vous n'avez pas utilisé le sucre qu'il faut !

Le sucre de table ordinaire est un sucre cristallisé qui se présente sous forme de granules très fins. Chaque petit grain est un cristal de saccharose pur. Toutefois, lorsqu'on réduit ce sucre en poudre fine, il a tendance à capter l'humidité de l'air et à s'agglutiner (en termes scientifiques, on dirait qu'il devient hygroscopique).

Pour pallier cet inconvénient, les producteurs ont une astuce. Ils rajoutent au sucre en poudre 3 pour cent de fécule de maïs, un amidon. Or, cet amidon ne se dissout pas dans l'eau froide, il devient collant. Pour sucrer du thé glacé il faut donc choisir un sucre cristallisé ultrafin (dénommé aussi sucre semoule), mais qui n'a pas l'apparence d'une poudre.

Ainsi, vous verrez le sucre se dissoudre dans le thé sans laisser de dépôt dans la tasse. En fait, ce sucre n'est pas une poudre au sens strict du terme. Il est constitué de cristaux plus petits que ceux du sucre cristallisé ordinaire et se dissout dès lors plus aisément. Il est utilisé par les barmen parce qu'il se dissout rapidement dans toute boisson glacée et par les pâtissiers parce qu'il se mélange et fond plus rapidement que le sucre cristallisé. D'où son nom de « sucre de pâtissier ».

5. Avec ou sans canne !

☞ Quelle est la différence entre le sucre de canne et le sucre de betterave ?

Contrairement à la canne à sucre qui pousse dans les régions tropicales, c'est la betterave qui fournit dans nos régions tempérées la majorité du sucre que nous produisons. Les betteraves ont l'allure de grosses carottes et se présentent sous la forme de racines brunâtres et difformes.

Les raffineries de sucre de betterave ont la tâche la plus difficile, car ces betteraves contiennent davantage d'impuretés malodorantes et même nauséabondes qui doivent impérativement être écartées. Les impuretés se retrouvent dans la mélasse qui est inconsommable et ne peuvent servir qu'à la nourriture des animaux. Pour cette raison, il n'existe pas de sucre de betterave brun.

Après raffinage, le sucre de canne et le sucre de betterave sont chimiquement identiques; tous deux sont constitués de saccharose et donc impossibles à différencier. C'est pour cette raison que les raffineries ne sont nullement dans l'obligation d'indiquer la provenance de leur production en sucre sur l'étiquette de l'emballage. Pour autant que le paquet ne mentionne pas « pur sucre de canne », il s'agit probablement de sucre de betterave.

Toutefois, certaines personnes habituées à confectionner des « confitures maison » prétendent fermement que les deux sucres ne se comportent pas de façon identique. Alan Davidson mentionne dans son *Oxford Companion to food* (Oxford University Press, 1999) que les chimistes devraient reconnaître humblement qu'ils ne sont pas omniscients dans ces matières.

Touché.

Une betterave sucrière.

6. Méli-mélo de mélasse

☞ Que sont les sirops de sucre, et qu'est-ce qui les différencie du sirop de canne ?

Le sirop de canne est tout simplement du jus de canne clarifié et réduit en sirop. Le sirop d'érable d'Amérique du Nord et celui du sycomore sont également clarifiés en chauffant le jus jusqu'à ébullition afin d'obtenir un sirop. Le sirop d'érable est riche en saccharose et très fluide, ainsi que le sirop du sycomore.

La mélasse est un terme employé en Grande-Bretagne. Lorsqu'elle est foncée, elle est dénommée mélasse. Elle n'est pas fluide, elle a l'aspect d'une coulée. Son goût est relativement amer. La mélasse légère est aussi connue sous le nom de sirop d'or. C'est essentiellement du sirop de canne vendu sous le nom de sirop d'or, dont la marque la plus connue est le Sirop d'Or de Lyle.

Le sorgho ou « gros mil » n'est ni une plante de type canne à sucre, ni une racine, mais une graminée aux longues tiges herbacées, comme les céréales. Il pousse sous climat chaud et sec. Il est utilisé comme foin et comme fourrage. Pourtant, certaines variétés contiennent à l'intérieur de la tige un jus sucré. Ce jus, retenu dans la tige par une peau blanche, peut être réduit en sirop. Le produit qui en résulte est appelé mélasse de gros mil, sirop de sorgho ou sorgho tout simplement.

7. Les eaux douces

☞ **Ma recette de fabrication de fondants préconise de dissoudre deux tasses de sucre dans une tasse d'eau. Est-ce possible ? Qu'en pensez-vous ?**

Pourquoi ne pas essayer ? Prenez un poêlon contenant une tasse d'eau et ajoutez-y deux tasses de sucre. Chauffez doucement tout en remuant le mélange. Vous verrez que tout le sucre se dissout dans l'eau. L'une des raisons est simple : les molécules de sucre peuvent s'imbriquer dans les espaces vides entre les molécules d'eau. Ainsi piégées, les molécules de sucre ne prendront pas trop d'espace supplémentaire.

Si l'on observe l'eau au niveau moléculaire, elle ne nous apparaît pas comme un empilement dense et compact de molécules, mais bien comme un réseau ouvert où les molécules d'eau sont reliées les unes aux autres, en chapelet. Les cavités de ce réseau sont des espaces vides et sont capables d'y loger un nombre surprenant de particules dissoutes. Ceci est particulièrement vrai pour le sucre, car les molécules de saccharose se présentent de telle façon qu'elles s'agglomèrent facilement aux molécules d'eau (en langage scientifique, elles forment des liaisons hydrogène), ce qui rend le sucre très soluble dans l'eau. En pratique, en chauffant le mélange, vous pouvez dissoudre jusqu'à 5 tasses de sucre dans une seule tasse d'eau. Bien sûr, quand on en arrive là, on peut se demander si l'on a toujours une solution de sucre dans l'eau bouillante ou du sucre fondu qui bout et contient un peu d'eau !

C'est ainsi que sont nés les premiers bonbons.

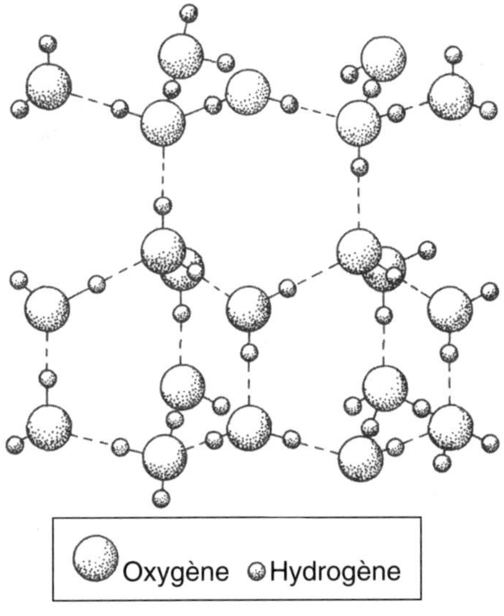

Arrangement des molécules d'eau. Les pointillés représentent les liaisons hydrogène qui se brisent et se reforment continuellement entre les molécules.

Une autre raison pourrait être avancée pour expliquer la grande solubilité du sucre dans l'eau : les molécules de sucre sont à la fois plus lourdes et plus volumineuses que les molécules d'eau, si bien qu'il y a moins de molécules de sucre que de molécules d'eau dans une tasse pleine de sucre que dans une tasse de même taille contenant de l'eau. En outre, le sucre se présente sous forme de granulés tandis que l'eau est liquide. Les granules de sucre ne s'imbriquent pas mutuellement de façon aussi serrée qu'on pourrait le croire. Le résultat surprenant est qu'une tasse de sucre contient 25 fois moins de molécules qu'une tasse d'eau de capacité identique.

En clair, cela signifie que, lors de l'expérience faite ensemble (2 tasses de sucre dissous dans une tasse d'eau), il n'y a qu'une molécule de sucre pour douze molécules d'eau.

8. Oignons ou bonbons

☞ **Certaines recettes recommandent de caraméliser les oignons hachés, c'est-à-dire de les faire revenir jusqu'à ce qu'ils soient plus tendres et légèrement dorés. Dois-je comprendre que la caramélisation n'est jamais qu'un simple brunissement ? Y a-t-il un rapport quelconque avec les bonbons nommés « caramels » ?**

Le mot « caraméliser » est utilisé pour désigner l'action consistant à faire dorer, à brunir des aliments, sucrés non protéinés, en les chauffant.

Chauffé progressivement, le saccharose fond et se transforme en liquide légèrement jaunâtre, qui passe ensuite au marron clair et caramélise entièrement à 183 °C. Au cours de cette transformation, le goût d'origine doux et sucré devient amer et âpre. C'est la caramélisation. Elle est utilisée dans la confection de douceurs : bonbons, caramels ou cacahuètes enrobées de caramel…

Ce n'est que récemment que deux chimistes français ont élucidé la cascade de réactions chimiques très complexes qui donnent lieu à la caramélisation. Le processus débute par une déshydratation du sucre et aboutit à la formation de caramel, constitué de polymères, de grandes molécules constituées de molécules plus petites regroupées au sein de longues chaînes. Certaines de ces grandes molécules ont un goût amer et sont responsables de la couleur marron. Si l'on chauffe encore davantage, l'ensemble se décompose en noir de carbone et en vapeur d'eau.

Plusieurs recettes suggèrent d'ajouter une cuillerée à café de sucre pour caraméliser les oignons. La « couleur caramel » des boissons dites à base de cola et des sauces soja de qualité médiocre provient du réchauffement de solutions sucrées, en présence de sel d'ammonium qui, dans ce cas, agit exactement comme une fonction amine dans les protéines.

D'autre part, lorsque l'on chauffe des sucres ou des amidons en présence de protéines ou d'acides aminés (les constituants des protéines), d'autres réactions chimiques ont lieu. Ce sont les réactions de Maillard, en référence au biochimiste français, Louis Camille Maillard (1878-1936) qui a caractérisé la première étape du processus. Une partie de la molécule de sucre (en langage scientifique, un groupe aldéhyde) réagit avec la partie azotée de la molécule de protéine (en langage scientifique, une fonction amine), après quoi une suite de réactions donne lieu à la formation de polymères bruns très aromatisés qui ne sont pas encore identifiés. Actuellement, les chimistes se rencontrent fréquemment pour discuter des progrès dans la caractérisation des réactions de Maillard.

Celles-ci sont responsables du goût délicieux des glucides et des protéines qui se retrouvent dans les aliments grillés et rôtis (et oui, il y a des sucres dans la viande). Les oignons caramélisés ont effectivement un goût sucré, car en plus des réactions de Maillard, le fait de les chauffer scinde les molécules d'amidon en sucres simples qui, eux, caramélisent vraiment. Par ailleurs, plusieurs recettes proposent d'ajouter une cuillerée de sucre pour amorcer la caramélisation des oignons. La morale de cette histoire, c'est qu'il faut réserver le mot caramélisation au brunissement du sucre – n'importe quel sucre – en l'absence de protéines. Quand les sucres ou l'amidon cohabitent avec des protéines, comme c'est le cas dans les oignons, le pain et les viandes, la réaction est surtout due à M. Maillard et pas à la caramélisation.

La « couleur caramel » des boissons au cola, des sauces soja de médiocre qualité et de bien d'autres aliments sucrés, est obtenue par réchauffement d'une solution de sucre avec un sel d'ammonium qui agit comme un groupe amine de protéines. En ce sens, la couleur caramel est en réalité une espèce de « couleur Maillard ».

9. Du chocolat... sans chocolat

☞ **Le chocolat blanc contient-il de la caféine, au même titre que le chocolat noir ?**

Non et, de plus, il ne contient pas de chocolat.

Le chocolat blanc est tout simplement un mélange de graisse extraite de la fève de cacao (nommée aussi beurre de cacao) mélangée à du lait en poudre et du sucre. Il ne contient aucun des composés de cette fève merveilleuse de teinte brune qui, bien que peu engageante, donne une saveur riche et un caractère unique au chocolat. Si, afin d'éviter la caféine, vous choisissez un dessert nappé de chocolat blanc, gardez à l'esprit que le beurre de cacao est une graisse très saturée. On ne peut pas gagner sur tous les tableaux.

Ajoutons l'insulte à l'outrage ! Les confiseries soi-disant à base de « chocolat blanc » ne sont pas nécessairement confectionnées à partir de beurre de cacao. On utilise le plus souvent un succédané à base d'huiles végétales hydrogénées !

Un conseil : lisez bien la liste d'ingrédients figurant sur l'emballage !

10. Doux mais pas sûr

☞ **Un choix d'édulcorants nous est proposé, sous différents emballages. Sont-ils réellement différents ?**

Je n'ai jamais utilisé moi-même ces produits, car j'estime que les 15 calories d'une cuillerée de sucre ne peuvent pas mettre ma vie en danger ! Toutefois, ces sucres artificiels sont précieux pour les diabétiques ainsi que pour tous ceux qui veulent limiter leur consommation de sucre.

Les édulcorants sont aussi nommés sucres de substitution et doivent dès lors obtenir l'autorisation de mise sur le marché (AMM) délivrée par les différentes instances de sécurité alimentaire, tant aux États-Unis qu'en Europe. Leur évaluation est continue. Les quatre édulcorants qui sont actuellement autorisés sont : l'aspartame, la saccharine, l'acésulfame de potassium et le sucralose. D'autres sont en phase d'évaluation.

L'aspartame (vendu sous le nom de Canderel®) est un édulcorant nutritif, c'est-à-dire qu'il apporte une certaine énergie à l'organisme (celle-ci s'exprime en calories). Les trois autres édulcorants cités sont non nutritifs, c'est-à-dire qu'ils n'apportent pas d'énergie à l'organisme.

L'aspartame (E951) est 100 à 200 fois plus sucré que le saccharose. Il est produit en grande quantité par la firme Searle, sous le nom de NutraSweet. L'aspartame est formé de deux acides aminés liés entre eux et que l'on retrouve dans les protéines : l'acide L-aspartique et la L-phénylalanine. Un gramme d'aspartame a un contenu énergétique de 4 calories, tout comme une quantité identique de sucre ou de protéine. Mais, il est beaucoup plus sucré. Il suffit dès lors d'utiliser de faibles quantités d'aspartame. C'est cela l'astuce !

L'aspartame se compose de phénylalanine et d'acide aspartique. Comme environ 1 personne sur 16 000 souffre de phénylcétonurie (PCU) – affection génétique dans laquelle l'organisme ne peut pas produire l'enzyme nécessaire pour digérer la phénylalanine et les édulcorants contenant de l'aspartame – ces personnes doivent être munies d'une attestation mentionnant qu'elles ont la phénylcétonurie et les édulcorants contenant de l'aspartame doivent comporter la mention « contient de la phélylalanine »

Malgré les personnes souffrant de phénylcétonurie et en dépit des campagnes Internet mettant en garde contre le lien entre la prise d'aspartame et un ensemble de maladies graves comme la sclérose en plaques et certaines lésions cérébrales, la *Food and Drug Administration* (FDA) donne son entière approbation à la consommation de l'aspartame en quantités raisonnables.

La saccharine (E954), découverte en 1879, est 300 fois plus sucrée que le saccharose. Au fil du temps, la saccharine a connu une histoire chaotique, passant tour à tour de l'agrément à l'interdit de la part du gouvernement américain. La dernière manche débuta en 1977, lorsque la FDA proposa d'interdire la saccharine, suite à une étude canadienne qui soupçonnait cet édulcorant d'être la cause de cancers de la vessie chez les rats. Mais, aucune étude n'ayant pu prouver que la saccharine était à l'origine de cancers chez l'Homme, l'opinion publique marqua son opposition et poussa le Congrès américain à voter un moratoire relatif à l'interdiction de mettre ce produit sur le marché. Ce moratoire fut renouvelé à maintes reprises, mais malgré tout les produits contenant de la saccharine devaient mentionner sur l'emballage : « L'usage de ce produit peut être dangereux pour votre santé. Ce produit contient de la saccharine qui est cancérigène pour les animaux de laboratoire ». Ce n'est que début 2001 que le *US Department of Health and Human Services* (l'équivalent du ministère de la Santé), à la suite d'études approfondies, estima que les preuves que la saccharine soit à l'origine de développement d'un cancer chez l'Homme n'étaient pas suffisantes. Dès lors, le Président Bush a abrogé l'obligation de faire figurer l'avertissement.

L'acésulfame de potassium (E950) ou acésulfame-K est 130 à 200 fois plus sucré que le saccharose. Il est utilisé en mélange avec d'autres édulcorants dans des milliers de produits de par le monde. Approuvé par la FDA depuis 1988 aux États-Unis, il est malgré tout attaqué par des groupements de consommateurs qui relèvent la similitude de structure chimique avec celle de la saccharine.

Le sucralose (E955), plus connu sous le nom commercial de Splenda®, est 600 fois plus sucré que le saccharose. Il fut approuvé par la FDA en 1999 et est reconnu utilisable pour tous les aliments. C'est un dérivé chloré du saccharose. (Techniquement, on dira que trois groupes hydroxyles (–OH) sont remplacés par trois atomes de chlore (–Cl)). Tel quel, il ne se décompose pas dans le corps humain et n'y dispense aucune calorie. Mais son pouvoir sucrant étant très prononcé, les quantités nécessaires sont minimes. C'est pourquoi on le mélange généralement avec de la maltodextrine, une poudre d'amidon.

Tous ces édulcorants, sucrants artificiels, peuvent être nuisibles à la santé, s'ils sont utilisés à fortes doses. Bien que l'on puisse dire la même chose pour tous les produits de la Terre, y compris nos aliments (« Deux kilos de cacahuètes, ça tente quelqu'un ? »), ces composés chimiques continuent à susciter une vive opposition.

Avant d'en terminer avec ces édulcorants de synthèse, vous avez peut-être remarqué (si vous observez les étiquettes comme moi) un ingrédient, le sorbitol, dans les bonbons sans sucre et autres produits. Le sorbitol n'est ni un sucre, ni un substitut synthétique, mais un alcool au goût sucré qui se trouve dans les baies et dans certains fruits. Il est deux fois moins sucré que le saccharose.

Le sorbitol a la propriété de retenir l'eau et est utilisé pour stabiliser et adoucir la texture de plusieurs aliments, de cosmétiques et de dentifrices. Toutefois, cette même propriété peut être la cause d'un effet laxatif en favorisant la rétention d'eau dans le bassin.

Les personnes qui s'adonnent sans modération aux bonbons sans sucre peuvent parfois regretter leur intempérance !

Kiosque des sciences

Un petit cours traitant des glucides

Les molécules de tous les glucides, quelle que soit leur provenance, sont toutes formées d'au moins deux, mais souvent de centaines de milliers d'unités glucose, toutes reliées entre elles.

Observons l'effet que peut avoir une augmentation progressive des unités glucose d'une substance par rapport à une autre. Nous remarquons que si l'on passe d'une molécule, formée de douze unités glucose, à une autre formée de douzaines ou de centaines d'unités, nous franchissons une zone limite : nous passons des **sucres** aux **amidons** ! Les glucides sont aussi dénommés **saccharides**.

Passons en revue les différents types de saccharides.

▶ Monosaccharides

Ce nom provient du grec « **mono** » qui signifie unique et « **sakcharon** » signifiant sucre.

Un monosaccharide est donc l'unité de base « sucre » dont la molécule ne peut pas être fragmentée, par exemple par hydrolyse, sans perdre sa qualité de sucre. Ce sont donc les sucres les plus simples dont les plus connus sont le glucose, le fructose et le galactose. Le glucose est la meilleure source d'énergie. Celle-ci provient de l'ultime fragmentation des glucides comestibles. Le glucose peut passer directement dans le flux sanguin.

▶ Disaccharides

Le sucre de table dit « sucrose » ou « saccharose » est un disaccharide (« 2 sucres »).

Cette molécule est composée de deux sucres différents, le glucose et le fructose, ce composé très sucré que l'on retrouve dans les fruits.

La molécule de sucrose se brise en glucose et en fructose lorsqu'elle est mise en présence d'un acide ou de l'enzyme **invertase**. Le mélange de glucose et de fructose contient une quantité égale de chaque composant que l'on nomme sucre inverti. Le **sucre inverti** (traité à l'invertase) est plus sucré que le sucrose lui-même. Ce résultat, surprenant à première vue, provient du fait que le fructose est plus sucré que le sucrose.

Et cela illustre un principe fondamental de la chimie, à savoir qu'un composé chimique (le sucrose par exemple) peut avoir des propriétés très différentes de celles d'un simple mélange des substances qui le composent (le mélange glucose et fructose).

Vous rencontrerez ce principe dans les manuels de chimie où l'on cite comme exemple classique le cas du chlorure de sodium qui est le sel de table que nous utilisons impunément, alors que ses constituants sont d'une part un métal, le sodium qui explose et brûle au contact de l'eau et d'autre part le chlore, un gaz hautement toxique.

D'autres disaccharides connus sont :

- le lactose qui se retrouve dans le lait de mammifère;
- le maltose que l'on retrouve dans les grains maltés, c'est-à-dire trempés dans l'eau jusqu'à la germination, ce qui se fait lors du brassage de la bière et du whisky.

▶ Oligosaccharides

Oligos est un mot d'origine grecque qui signifie « peu ». Ces molécules contiennent moins de dix unités monosaccharides et sont encore considérées comme des sucres et pas comme amidons.

Les oligosaccharides à trois ou quatre unités monosaccharides, tels le raffinose et le stachyose sont présents dans les haricots. Ces sucres sont indigestes pour les humains. Les bactéries de nos intestins, par contre, s'en nourrissent, démontrent leur ingratitude par une production gazeuse aux conséquences désagréables pour leurs hôtes qui pensent devoir l'attribuer aux fèves.

▶ Polysaccharides

Enfin, il y a les polysaccharides (ceux-ci impliquent beaucoup de sucres) que l'on nomme aussi glucides complexes ou amidons. Ils sont composés d'au moins quarante unités glucose, mais peuvent aussi bien en compter des milliers liées en longues chaînes alignées; on les appelle « amylose ». Si, au contraire, elles sont ramifiées et buissonnantes, nous les nommons des amidons amylopectiques. Du fait de leurs différentes formes, elles ont chacune des propriétés différentes.

Plusieurs polysaccharides provenant du règne végétal sont des mélanges d'amylose et d'amylopectines.

D'autres polysaccharides dont vous avez pu lire le nom sur les étiquettes ou les emballages d'aliments sont des dextrines qui, avec une vision de chimiste, sont de grands fragments moléculaires qui se détachent en se brisant (à la manière d'une branche morte qui tombe de l'arbre), lorsque le polysaccharide se fracasse dans l'eau.

Trop indolents pour articuler un mot à quatre syllabes, un grand nombre d'entre nous parlent de « carbs » et en calculent la quantité dans leur alimentation. Les glucides, disons les carbs, ont une taille et une complexité d'un millier d'unités glucose. Trop grandes, nous ne pouvons pas les digérer et elles passent dans notre système digestif sans libération de calories, ni d'effets nutritifs.

Les glucides plus petits et plus souples sont aussi plus bénéfiques et plus diététiques et la littérature diététique les évalue à quatre calories par gramme.

Chapitre 2

Le sel de la terre

Sous la surface de la terre, il existe de gisements d'un minerai précieux, nommé halite, sel de gemme ou chlorure de sodium. Ainsi une exploitation minière du Kansas, à Hutchinson, extrait environ un million de tonnes par an, ce qui ne représente que moins d'un demi-pourcent de la production mondiale d'halite.

Mais, que pouvons-nous faire de tout ce sel ? Nous en consommons dans l'alimentation. Bien sûr ! C'est d'ailleurs l'unique roche sédimentaire qui est consommée par les humains ! Ces cristaux de sel nous maintiennent en vie et en bonne santé, contrairement à ceux ayant des soi-disant pouvoirs curatifs et qui sont totalement inefficaces.

Le sel ordinaire, dont le nom chimique est chlorure de sodium, est probablement le condiment le plus précieux qui soit. Nous y trouvons non seulement le cation sodium, mais aussi l'anion chlore, tous deux indispensables à la vie. Qui plus est, le goût salé est à l'origine de l'une des sensations gustatives fondamentales. Le sel a en outre la capacité « magique » d'exalter d'autres saveurs.

Attention ! Le mot « sel » ne désigne pas qu'une seule substance. En chimie, c'est un terme générique pour toute une famille de composés chimiques. En termes scientifiques, « sel » désigne le produit de la réaction entre un acide et une base. Le chlorure de sodium par exemple provient de la réaction de l'acide chlorhydrique (nommé aussi esprit-de-sel) et de l'hydroxyde de sodium (nommé aussi soude caustique).

Parmi les autres sels de haute importance gastronomique, citons le chlorure de potassium qui est un sel de substitution utilisé pour les régimes à faible teneur en sodium; l'iodure de potassium qui, ajouté au sel ordinaire, supplée l'iode dans un régime pauvre en sodium; le nitrite de sodium et le nitrate de sodium qui servent à la salaison des viandes. Dans ce livre, sauf indication contraire, j'adopte l'attitude de monsieur Tout le Monde et j'utilise le mot *sel* pour désigner le chlorure de sodium.

Face à autant de sels différents, pouvons-nous réserver le mot « salé » uniquement à la saveur du chlorure de sodium ? De toute évidence, non. Goûtez l'un ou l'autre des substituts du chlorure de potassium. Vous lui trouverez un goût salé mais différent de celui familier du chlorure de sodium, tout comme le goût sucré diffère selon les sucres et les édulcorants.

En plus de son rôle de nutriment et de condiment, le chlorure de sodium est utilisé depuis des milliers d'années pour préserver les viandes, les poissons et les légumes destinés à être consommés longtemps après la chasse ou la récolte.

Dans ce chapitre, même si je ne peux pas résoudre les mystères des qualités gustatives et nutritionnelles du sel, je peux vous révéler les rôles physique et chimique joués par le sel dans notre alimentation et dans la préservation des aliments.

METTRE SON GRAIN DE SEL
TAPAS AUX AMANDES

En Espagne, la coutume veut que soient disposés sur les comptoirs des bars différents petits plats contenant entre autres des amandes salées et frites à l'huile d'olive. Une véritable gourmandise ! Vous pouvez les préparer vous-même à domicile en mettant les amandes à frire ou, si vous les préférez moins grasses, en les faisant griller au four. Les deux méthodes de préparation sont décrites ci-dessous. Dans les deux cas, la meilleure façon de faire adhérer le sel aux amandes est d'utiliser du gros sel réduit en très fins cristaux dans un mortier avec un pilon. Toutefois, vous pouvez aussi le passer au moulin à poivre à condition de prendre le temps de bien le nettoyer avant de le réutiliser pour le poivre.

Ingrédients pour 8 personnes

- 1 cuillerée à café de gros sel
- 300 grammes d'amandes effilées
- de l'huile d'olive extra-vierge

EN FRITURE

Broyez le sel avec un mortier et un pilon puis passez les cristaux dans un moulin à épices pour qu'ils soient très fins. (N'utilisez pas un mixer; il ne broiera pas le sel assez finement.)

Versez l'huile dans une poêle à frire de taille moyenne et ajoutez-y les amandes. Déposez la poêle froide sur la plaque et faites cuire à feu moyen. Remuez le tout sans arrêt jusqu'à ce que l'huile se mette à grésiller et que les amandes commencent à brunir.

Lorsque les amandes ont roussi, déposez-les sur un papier absorbant au moyen d'une écumoire afin de les égoutter. Ne les laissez pas trop roussir. Laissez-les refroidir légèrement avant de les verser dans un bol, de les saupoudrer et de mélanger gentiment le tout.

Ne jetez pas l'huile d'olive. Elle n'a pas chauffé suffisamment pour se détériorer. Laissez-la refroidir, versez-la dans un récipient et gardez-la au frais et à l'abri de la lumière. Utilisez-la ultérieurement pour faire frire autre chose.

AU FOUR

Préchauffez le four à 180 °C. Déposez les amandes sur du papier sulfurisé replié sur les côtés. Versez une cuillerée d'huile d'olive et mélangez gentiment.

Cuisez jusqu'à ce que les amandes soient roussies. Ceci prend 12 à 14 minutes. Remuez le tout à mi-cuisson.

Sortez les amandes du four, mettez-les dans un bol, saupoudrez-les avec le sel et homogénéisez le tout.

11. Avec tendresse

☞ **Si vous lisez l'étiquette collée sur un pot contenant un produit attendrisseur de viande, vous verrez qu'elle mentionne essentiellement la présence de sel. Le sel attendrit-il la viande ?**

Oui ! Mais seulement dans une faible mesure. Si vous lisez plus attentivement, vous trouverez très probablement la papaïne, une enzyme contenue dans la papaye avant maturation. C'est cette enzyme qui fait le travail ! Le rôle du sel est avant tout de diluer et de répartir la dose de papaïne dans le produit. Je suppose qu'il vaut mieux utiliser du sel que du sable !

Il est possible d'attendrir la viande de différentes façons. Un morceau de viande fraîche s'attendrit dans les semaines qui suivent. La viande est maturée durant deux à quatre semaines, à taux d'humidité contrôlé et à la température de 2 °C. Certaines viandes s'attendrissent plus rapidement : 48 heures à 20 °C. Mais, de toute évidence, toute maturation prend du temps. Comme le temps, c'est de l'argent, on mature toutes les viandes durant un temps rapide et identique, avant de les expédier. C'est vraiment dommage car la maturation ne fait pas qu'attendrir la viande, elle en améliore le goût.

Il existe toutefois différentes enzymes de fruits qui ont la propriété de rompre les protéines et qui, dès lors, peuvent attendrir les viandes. Citons la bromelaïne de l'ananas, la ficine du figuier et la papaïne de la papaye. Mais celles-ci ne pénètrent pas suffisamment et n'attendrissent que la surface, ce qui n'est pas d'une grande utilité pour un beefsteak. De plus, ces enzymes se dégradent à la température de 80 °C et n'agissent donc qu'avant cuisson.

La solution est toute simple : trouver un boucher qui vend de la viande bien mature (difficile à trouver de nos jours) ou acheter les morceaux les plus tendres mais aussi les plus chers.

Et pendant que vous êtes au rayon des épices et des assaisonnements au supermarché, prenez le temps de regarder les étiquettes sur les emballages des épices pour hamburger, pour bouillon, etc. Vous verrez que le sel est mentionné en premier lieu, suivi du nom de l'une ou l'autre épice. Je vous conseille de réaliser des économies en salant vous-même votre plat et en saupoudrant votre préparation avec l'une ou l'autre épice mentionnée sur l'étiquette du flacon que vous auriez acheté.

12. Fasta pasta

☞ Pourquoi faut-il mettre le sel dans l'eau avant d'y faire cuire les pâtes ? La cuisson est-elle plus rapide ?

Quasiment tous les livres de cuisine recommandent de saler l'eau de cuisson des pâtes ou des pommes de terre et nous le faisons consciencieusement sans nous poser de question.

Il y a une raison toute simple pour justifier l'ajout de sel. Le sel augmente la saveur de l'aliment, exactement comme il le ferait pour d'autres cuissons. C'est tout !

Arrivé à ce point, tout lecteur ayant été attentif aux cours de chimie objectera : « Mais, ajouter du sel dans l'eau élève son point d'ébullition, l'eau sera donc plus chaude et les pâtes cuiront plus vite. »

À ces lecteurs, j'attribuerais 20 sur 20 en « chimie », mais 5 sur 20 en « cuisine ». Il est vrai que dissoudre un sel, ou quoi que ce soit d'autre (je l'expliquerai plus loin), dans de l'eau, la fera bouillir à une température supérieure à 100 °C (température d'ébullition au niveau de la mer). Mais pour le cuisinier, cette variation de température d'ébullition sera tellement faible qu'il n'y verra aucune différence, à moins d'y ajouter une quantité de sel telle que vous pourriez utiliser cette eau salée pour dégeler l'allée de votre garage.

En fait, comme tout chimiste aura le plaisir de le calculer pour vous, en ajoutant 20 g de sel de table à 1 litre d'eau pour 250 g de pâtes, on augmente la température d'ébullition de 0,03 °C. La diminution du temps de cuisson de vos pâtes est alors de moins d'une seconde. Si toutefois vous êtes très pressé de passer de la cuisine à la table, nous vous conseillons plutôt de mettre des patins à roulettes.

En tant que professeur incorrigible, je me trouve dans l'obligation de vous expliquer pourquoi le sel fait augmenter la température d'ébullition de l'eau et cela, aussi minime que soit la différence ! Accordez-moi un paragraphe.

Afin de bouillir, c'est-à-dire de se transformer en vapeur, les molécules d'eau doivent se libérer des liens qui les retiennent à leurs voisines liquides. Même avec l'aide de la chaleur, il leur est assez difficile de se libérer car les molécules d'eau sont fermement collées ensemble. Toutefois, si des particules étrangères encombrent le liquide, ce sera encore plus dur car les particules de sel (en jargon scientifique : les ions sodium et chlorure) ou les autres substances dissoutes se mettent en travers du chemin. Nos molécules d'eau ont donc besoin d'un surcroît d'énergie et donc d'une augmentation de température pour prendre leur liberté. (Si vous voulez en savoir plus, demandez à votre gentil voisin chimiste de vous parler des « coefficients d'activité ».)

Retournons maintenant à la cuisine !

Malheureusement, on entend encore plus d'inepties sur l'ajout de sel dans l'eau de cuisson que sur le point d'ébullition. Les affabulations les plus fréquentes, même dans les livres de cuisine les plus respectés, nous indiquent précisément à quel moment il faut mettre le sel dans l'eau.

Un livre de cuisine récent spécialisé dans la cuisson des pâtes indique : « on met en général le sel dans l'eau bouillante avant d'y ajouter les pâtes ». Il continue en mettant en garde les cuisiniers de ne pas « ajouter le sel avant l'ébullition de l'eau, car ceci peut donner un arrière-goût déplaisant ». Il recommande donc (1) de faire bouillir l'eau, (2) d'ajouter le sel, (3) d'ajouter les pâtes.

Un autre livre recommande de « faire bouillir l'eau avant d'y ajouter le sel et les pâtes », mais ne précise pas ce que l'on doit ajouter en premier lieu : les pâtes ou le sel.

Précisons toutefois que pour autant que les pâtes cuisent dans l'eau salée, il n'y aura aucune différence perceptible, quel que soit le moment de l'ajout de sel. Celui-ci se dissout aisément dans l'eau, que celle-ci soit chaude ou seulement tiède. Et même si tel n'était pas le cas, l'agitation due à l'ébullition le dissoudrait instantanément. Une fois dissous dans l'eau, le sel n'a aucun souvenir du moment où il y est entré et si le plongeon s'est fait à 20 °C ou à 100 °C. Cela ne peut donc pas influencer les pâtes.

J'ai entendu un chef cuisinier proclamer que, lorsque le sel se dissout dans l'eau, il dégage de la chaleur et que si l'eau est bouillante, elle peut déborder. Mes excuses, chef, mais le sel ne dégage pas de chaleur en se dissolvant, il en absorbe même un peu. Ce que vous avez certainement observé, c'est que l'eau « entre en éruption » quand vous ajoutez du sel. Cela est dû au fait que le sel – ou à peu près toutes les particules solides que l'on pourrait ajouter – donne aux bulles naissantes de nouvelles places (en jargon scientifique, des sites de nucléation) où elles peuvent se regrouper et grossir.

Une autre théorie (mais chacun semble avoir la sienne) soutient que le sel n'est pas utilisé pour le goût uniquement, mais qu'il durcit les pâtes et les empêche de se transformer en bouillie. J'ai entendu des explications plausibles et très techniques. Mais, je ne vous embêterai pas avec ici.

Ajoutez du sel n'importe quand et pour les raisons qui vous plairont. Assurez-vous seulement d'avoir ajouté du sel à vos pâtes, sinon elles seront fades.

13. Des réalités, non des mots !

☞ **Parlons du sel marin ! Pourquoi est-il aussi prisé par les chefs et utilisé dans les recettes ces temps-ci ? En quoi est-il meilleur que le sel de table ordinaire ?**

Les termes *sel marin* et *sel ordinaire* ou sel de table sont souvent utilisés comme s'il s'agissait de deux substances différentes possédant des propriétés distinctes. Mais ce n'est pas aussi simple ! Le sel peut effectivement avoir deux origines distinctes : les mines souterraines et l'eau de mer. Mais cela ne suffit pas à en faire des produits différents. Tout comme l'eau provenant d'un puits n'a pas de différence inhérente avec l'eau provenant d'une source.

Les gisements souterrains de sel ont été déposés par des mers anciennes asséchées au cours des ères géologiques de la Terre, il y a quelques centaines de millions d'années. Certains dépôts ont été propulsés par des forces géologiques et se retrouvent actuellement très près de la surface terrestre, sous forme de « dômes ». D'autres dépôts salins gisent à plusieurs centaines de mètres sous terre et sont donc plus difficiles à exploiter.

Le sel gemme ou halite est fait de cristaux broyés par d'énormes machines placées à l'intérieur de cavernes taillées dans le roc. Mais, le sel gemme ne convient pas pour l'alimentation, du fait des boues et des débris contenus dans les mers anciennes quand elles se sont évaporées. Pour produire du sel de qualité alimentaire, on envoie de l'eau dans un puits pour dissoudre le sel, on pompe l'eau salée (la saumure) jusqu'à la surface, on laisse reposer le mélange pour que les impuretés se déposent avant de faire évaporer sous vide la saumure claire. On obtient ainsi les petits cristaux de sel pur qui finissent dans votre salière.

Dans les régions côtières ensoleillées, le soleil et le vent permettent également l'évaporation d'eau de mer dans des marais salants. Diverses sortes de sels marins sont récoltées et raffinées, à des degrés divers, un peu partout dans le monde.

Il y a des sels gris et gris rosés provenant de Corée et de France, du sel noir des Indes. Chacun doit sa couleur aux algues et boues locales présentes dans le bassin d'évaporation. Le sel, chlorure de sodium, n'y est pour rien. Les sels noirs et rouges de Hawaï doivent leur couleur aux poudres noires de la lave et à la glaise rouge qui y sont délibérément ajoutées. Ces sels rares et exotiques sont essentiellement utilisés par des chefs cuisiniers aventureux et ont indéniablement une saveur unique. Ils ont le goût du sel en mélange avec celui de la lave et de la glaise. Chacun a ses fervents partisans.

Dans ce qui suit, je ne vous parlerai pas de ces sels rares et onéreux, difficiles à trouver pour une cuisine familiale. Je vous parlerai plutôt de différentes variétés de sels blancs extraites d'une façon ou d'une autre de l'eau de mer et qui, de ce seul fait, sont considérées comme plus riches en minéraux et plus savoureuses.

Les minéraux

Si vous évaporez tout le contenu d'un seau d'eau prélevée dans l'océan (dont on a enlevé préalablement les poissons), vous obtiendrez une gadoue collante, grise et amère, constituée à 78 pour cent de chlorure de sodium (sel ordinaire). Quatre-vingt-dix-neuf pour cent des 22 pour cent restants sont des composés de magnésium et de calcium. Ces derniers sont largement responsables de l'amertume. Il y a également au moins 75 autres éléments en très petites quantités. Ces derniers sont à la base de l'affirmation très répandue selon laquelle le sel marin « contient des minéraux nutritifs ».

Mais une froide analyse chimique révèle la vérité : les minéraux ne sont présents qu'en faible quantité dans cette gadoue brute et non traitée. Il vous faudrait en ingurgiter deux cuillerées à soupe pour avoir la quantité de fer contenue dans un seul grain de raisin. Dans certaines régions côtières, les populations l'utilisent malgré tout comme condiment, alors que la FDA (*Food and Drug Administration*) exige que la teneur en chlorure de sodium du sel alimentaire soit au minimum de 97,5 pour cent[1]. En pratique, il est toujours beaucoup plus pur.

Mais ce n'est que le début de la grande déception qui nous attend. Le sel marin que l'on trouve dans les rayons des magasins ne contient qu'un dixième de la matière minérale de la gadoue. La raison en est que, dans la production du sel alimentaire de bonne qualité, on laisse le soleil évaporer une grande partie de l'eau présente dans les bassins, mais non la totalité, et c'est la différence essentielle. Durant l'évaporation, la solution restante se concentre de plus en plus en chlorure de sodium. Lorsque la concentration en sel dans le bassin atteint 9 fois la concentration en sel du milieu initial, c'est-à-dire l'océan, ce sel se sépare sous forme de cristaux car il n'y a plus assez d'eau pour maintenir les sels en solution. Ces cristaux de sel sont alors ratissés ou écopés avant de passer au lavage, au séchage puis au conditionnement. (Comment laver des cristaux sans les dissoudre à nouveau ? Vous les lavez avec une solution qui contient déjà autant de sel que possible et ne peut plus en dissoudre. En science, on nomme cela une solution saturée.)

Le point crucial est que ce procédé « naturel » de cristallisation est lui-même une étape de purification très efficace. La cristallisation et l'évaporation induites par le soleil rendent le sel 10 fois plus pur – libéré des minéraux – qu'il ne l'était dans l'océan.

En voici la raison.

Chaque fois que l'on traite une solution aqueuse d'un composé chimique prépondérant (ici, le chlorure de sodium) avec un certain nombre d'autres composés chimiques présents en quantité très faible (dans ce cas, les autres minéraux), le composé prépondérant cristallisera à l'état relativement pur, délaissant tous les autres composés. Ce procédé de purification, utilisé constamment par les chimistes, a été employé de façon répétitive par Marie Curie pour isoler le radium du minerai d'uranium.

Le sel récolté par évaporation solaire de l'eau de mer, connu sous le nom de sel solaire, contient environ 99 pour cent de chlorure de sodium, immédiatement et sans aucun traitement ultérieur. Le

1. N.d.T. En France, les autorités sanitaires exigent que la teneur en chlorure de sodium soit au minimum de 97 pour cent.

pour cent excédentaire est constitué de gypse (sulfate de calcium) et de sels de magnésium. Les 75 autres « précieux nutriments minéraux » ont quasiment disparu. Pour avoir la même quantité de fer que celle d'un grain de raisin, on estime qu'il faudrait ingurgiter environ 125 g de sel. (Avaler un kilogramme de sel peut être fatal.)

Au fait, la notion selon laquelle le sel marin est naturellement riche en iode est un mythe. Certains s'imaginent en effet que les océans sont des réservoirs d'iode du simple fait que certaines algues riches en iode flottent dans l'océan. En termes d'éléments chimiques, il y a dans l'eau de mer cent fois plus de bore que d'iode par exemple. Je n'ai jamais entendu personne dire que le sel de mer est une source de bore. Du sel commercialisé « non iodé » contient moins de 2 pourcent de l'iode que vous trouveriez dans un sel iodé.

Le sel de mer provient-il vraiment de la mer ?

En réalité, le sel de mer vendu sur les marchés ou dans les épiceries fines peut ne jamais avoir vu la mer, parce que, tant qu'ils satisfont aux normes de pureté exigées, les fabricants ne sont pas obligés de spécifier la provenance du sel. D'après les professionnels de l'industrie que j'ai eu l'occasion d'interroger, certains trichent : deux paquets de sel peuvent provenir d'un même conteneur de la même usine et être vendus, l'un comme sel marin et l'autre pas. Il s'agit bien de sel de

mer… mais cristallisé il y a quelques millions d'années. À l'inverse, sur la côte Ouest des États-Unis, le sel de table ordinaire proviendra plutôt de la mer que d'une mine.

Ce qu'il faut retenir, c'est que la caractéristique d'un sel dépend de son traitement plutôt que de sa provenance.

Vous ne pouvez pas généraliser. Ainsi donc, lorsque votre recette spécifie l'usage de sel marin, rappelez-vous que cette spécification n'a aucun sens.

Additifs

On précise souvent « sel de mer » pour éviter le goût âpre de certains sels de table. Qu'il provienne de la mer ou de la mine, le sel de table contient très certainement des additifs anti-agglomérants qui assurent une certaine fluidité aux petits grains qui s'écouleront dès lors doucement. En effet, les grains sont des petits cubes et leurs faces aplaties ont tendance à s'accoler. Toutefois, la FDA tolère 2 pour cent d'additifs. Mais, en pratique, on se trouve en dessous du seuil proposé. Certains sels de table ont un taux de chlorure de sodium de plus de 99,1 pour cent, et seulement 0,2 à 0,7 pour cent d'additifs. Le silicate de calcium ainsi que les autres anti-agglutinants étant insolubles dans l'eau, le sel de votre salière trouble légèrement la solution.

Parmi les autres additifs anti-agglutinants, citons le carbonate de magnésium, le carbonate de calcium, le phosphate de calcium et le silicate sodique d'aluminium. *Ils sont totalement insipides et inodores.*

Toutefois, même s'ils ne l'étaient pas, même si les goûteurs expérimentés pouvaient détecter une différence subtile de goût parmi les sels solubles, due à l'ajout d'un additif de moins d'un pour-cent, la dilution d'un facteur 50 000 qui se produit quand on sale un plat les rendrait certainement indétectables. Faisons le calcul. Un pour cent d'une cuillère à café de sel contenant 6 grammes représente 0,06 gramme d'additif. Lorsqu'on verse dans 3 000 grammes, on obtient un facteur 3 000 : 0,06 = 50 000.

Saveur

On ne peut pas nier que les sels de mer les plus fins mais aussi les plus chers ont des saveurs particulières et intéressantes. Tout dépend de l'usage qu'on en fait et de votre définition du terme « saveur ».

La saveur d'un aliment consiste en trois composants : le goût, l'odeur et la texture. En ce qui concerne le sel, nous pouvons allégrement éliminer l'odeur, puisque ni le chlorure de sodium, ni le sulfate de magnésium ou de calcium, qui pourraient être présents dans les sels marins peu purifiés, n'ont d'odeur (en termes scientifiques, ils ont une pression de vapeur saturante très faible). Toutefois, notre sens de l'odorat est très sensible et il est possible qu'une odeur d'algue soit détectée. Notons également que n'importe quel sel inhalé sous forme de poussière fine peut donner à certaines personnes une sensation métallique dans le haut du nez.

Il nous reste à considérer le goût et la texture : ce que les papilles détectent réellement ainsi que la sensation éprouvée dans la bouche.

Selon la manière dont le sel a été recueilli et traité, les cristaux, selon les marques, peuvent adopter des formes très différentes, du flocon à la pyramide en passant par des amas de forme irrégulière. (Regardez à la loupe.) La taille des cristaux peut varier de très fine à très grossière, quoique, en pratique, tous sont plus grossiers que le sel de salière.

Lorsque l'on saupoudre du sel de mer sur un aliment assez sec (par exemple une tranche de tomate au moment de servir), les cristaux les plus gros et les plus floconneux peuvent produire de petites explosions de « salinité », lorsqu'ils fondent sur la langue ou craquent sous la dent. C'est la raison pour laquelle les chefs cuisiniers les plus à la page les utilisent : pour ces petites explosions voluptueuses. Le sel de votre salière ne produit pas cet effet car les petits cubes du sel se dissolvent plus lentement. C'est donc la forme complexe des cristaux et non pas leur origine qui confère à de nombreux sels de mer leurs propriétés sensorielles.

La raison pour laquelle le sel de mer se présente sous forme de grands cristaux difformes est la lenteur de l'évaporation de l'eau. Au contraire, le sel de votre salière provient d'une évaporation rapide, sous vide qui produit des granules petits et réguliers, destinés à traverser les orifices du couvercle de la salière. Ce phénomène est bien connu des chimistes : « plus rapide est la cristallisation, plus petits seront les cristaux ».

La cuisson

La forme et la taille des cristaux n'ont aucune importance lors de la cuisson, car les cristaux se dissolvent et disparaissent totalement dans le liquide de cuisson. Une fois les cristaux dissous, les différences de texture n'existent plus. L'aliment ne connaît pas la forme du cristal avant sa dissolution. Voilà donc une raison supplémentaire pour laquelle il est absurde de spécifier l'usage de sel de mer dans une recette qui contient de l'eau et quelle recette n'en contient pas ? Utiliser du sel de mer pour saler l'eau de cuisson de légumes ou de pâtes a encore moins de sens.

Peut-on encore distinguer la saveur d'un sel de mer après dissolution ? En 2001, lors d'une série de tests menés en Grande-Bretagne, sous le contrôle de la *Leatherhead Food Research Association*, un panel de testeurs a tenté de distinguer divers sels marins dissous dans l'eau. Les résultats publiés dans le magazine *Vogue* n'étaient absolument pas concluants.

On entend souvent dire que le sel de mer est plus salé que le sel ordinaire. Mais comme tous deux contiennent 99 pour cent de chlorure de sodium pur, ce n'est pas possible. Cette idée est sans doute née du fait que, lorsque l'on se met du sel sur la langue, les cristaux irréguliers et floconneux de nombreux sels de mer se dissolvent instantanément et donnent une impression plus forte que les petits cubes de votre salière, plus longs à se dissoudre. Mais, encore une fois, ce n'est pas l'origine qui fait la différence, c'est la forme des cristaux.

L'idée que le sel de mer est plus salé a fait penser que l'on peut en utiliser moins pour assaisonner. (« C'est bon pour ceux qui surveillent leurs apports en sodium », clame un fabricant de sel de mer.) De toute évidence, comme les sels de mer ont en général des cristaux gros et de forme complexe, ils ne s'arrangent pas de façon aussi compacte et une cuillerée de sel de mer contient moins de sodium qu'une cuillerée de sel ordinaire. À volume égal, le sel de mer est donc en réalité moins salé que le sel ordinaire. À poids égal, en revanche, ils sont identiques, car un gramme de chlorure de sodium est exactement aussi salé qu'un autre. Vous ne diminuerez donc pas votre consommation de sel en mangeant le même poids sous une forme différente.

Tirons-en le maximum

Quelle texture de sel utiliseriez-vous pour saupoudrer du foie gras, un carpaccio de gibier juste avant de les servir ? Ceux que les chefs préfèrent sont les sels français récoltés dans les eaux côtières de Bretagne, à Guérande, sur l'île de Noirmoutier et l'île de Ré. Vous trouverez ces sels sous différentes formes; gros sel, sel gris. Ils sont composés de cristaux denses qui gisent au fond des marais salants et qui sont gris de par la présence d'argile ou d'algues.

Dans l'ensemble des sels marins, les connaisseurs apprécient particulièrement la fleur de sel, croûte délicate de cristaux qui se forme à la surface des marais salants français quand le vent et le soleil sont propices.

Comme il se forme en quantité limitée et doit être soigneusement récolté à la main sur la surface, la fleur de sel est le sel le plus onéreux et (c'est peut-être une conséquence) il est très utilisé par les chefs cuisiniers. Fragile, de forme pyramidale, il produit une sensation salée et croquante très agréable quand il est saupoudré sur les aliments au moment de passer à table.

Mais l'utiliser pour cuisiner n'a aucun intérêt.

14. Houp-la

☞ **En préparant la soupe, j'y ai ajouté, par mégarde, trop de sel. Y a-t-il quelque chose à faire ? On m'a conseillé d'y plonger une pomme de terre crue pour absorber l'excès de sel.**

Qui n'a pas entendu ce conseil : jetez dans la soupe quelques morceaux de pommes de terre crues, laissez-les frémir un peu et elles absorberont le surplus de sel. Mais, comme la plupart des croyances populaires, celle-ci n'a jamais été vérifiée scientifiquement. Je me suis donc lancé dans la mise au point d'une expérience rigoureuse. J'ai tout d'abord fait mijoter des pommes de terre crues dans de l'eau salée. Ensuite, avec l'aide de l'assistant de laboratoire d'un collègue professeur de chimie, j'ai mesuré la quantité de sel dans l'eau avant et après le traitement à la pomme de terre.

Voici comment j'ai procédé.

J'ai préparé deux « soupes » trop salées, en réalité juste de l'eau, pour qu'aucun autre ingrédient ne vienne perturber l'expérience avec sa propre affinité pour le sel. Mais, quel doit être le degré de salinité de ces échantillons ? Plusieurs recettes recommandent d'ajouter une cuillerée à café de sel en début de cuisson et ceci pour environ 4 litres de potage ou de ragoût et de ne rajouter le sel voulu qu'en fin de cuisson pour obtenir le goût désiré. J'ai donc fait « l'échantillon de potage » n° 1 en mettant une cuillerée à café de sel dans 1 litre d'eau, tandis que dans l'échantillon n° 2, j'ai mis une cuillerée à soupe de sel par litre d'eau. Ceci représente respectivement 4 à 12 fois la quantité de sel que l'on met habituellement en début de cuisson du potage et environ 2 à 6 fois le contenu de sel d'un potage à nouveau salé en fin de cuisson.

J'ai ensuite chauffé chacune de mes deux « soupes » en y ajoutant 6 tranches de pommes de terre d'un centimètre d'épaisseur. Je les ai laissées mijoter dans deux casseroles avec un couvercle durant 20 minutes. Après quoi, j'ai enlevé les pommes de terre et laissé le liquide à refroidir.

Pourquoi avoir utilisé des tranches de pommes de terre plutôt que des morceaux ? Parce que je voulais qu'un maximum de superface de pomme de terre soit exposé à la « soupe » afin de garantir une meilleure interaction. De plus, la surface de pomme de terre en contact avec le liquide était la même dans les deux échantillons (environ 300 cm^2 si vous tenez à le savoir). Précisons qu'il y avait une même quantité de liquide, dans deux casseroles identiques, posées sur le même brûleur. Les scientifiques, comme vous devez maintenant le penser, sont maniaques lorsqu'il s'agit de contrôler toutes les variables possibles et imaginables (et même inimaginables) à l'exception du paramètre qu'ils veulent étudier. Autrement, ils ne pourraient jamais savoir ce qui cause la différence qu'ils observent. C'est pourquoi je suis toujours ennuyé lorsque quelqu'un fait un essai totalement incontrôlé et dit partout : « J'ai essayé et ça marche ! ».

La concentration en sel des 4 échantillons (les deux solutions avant et après le mijotage des pommes de terre) a été déterminée par conductimétrie (c'est-à-dire la capacité d'une résolution à conduire le courant électrique). L'idée sous-jacente est que l'eau salée conduit le courant et que cette conductivité est en relation directe avec le contenu en sel.

Quels furent les résultats ? Les pommes de terre ont-elles réellement réduit la concentration en sel ? Voyons…

Laissez-moi vous parler de goûts, avant tout autre chose. J'ai réservé les tranches de pommes de terre qui avaient mijoté dans l'eau salée. J'avais aussi fait mijoter des tranches de pommes de terre dans l'eau pure (la même quantité d'eau et la même quantité de pommes de terre). Ma femme Marlène et moi-même avons alors goûté les pommes de terre de chaque casserole. Elle ignorait la provenance de chaque échantillon. À coup sûr, la pomme de terre qui avait mijoté dans l'eau pure était fade, tandis que celle qui avait cuit dans l'eau additionnée d'une cuillerée à *café* de sel était salée. Mais, celle qui avait été cuite dans un litre d'eau contenant une cuillerée à *soupe* de sel était encore plus salée. Est-ce que cela signifie que la pomme de terre avait réellement absorbé le sel de la soupe ?

Non ! Cela signifie seulement que la pomme de terre a absorbé de l'eau salée, mais pas qu'elle a extrait sélectivement le sel de l'eau de cuisson. Seriez-vous surpris si je vous disais qu'une éponge plongée dans de l'eau salée en ressortait avec le goût du sel ? La *concentration* de sel dans l'eau, c'est-à-dire la quantité de sel par litre ne devrait pas être affectée. Ainsi, le goût salé des pommes de terre ne prouve rien, sauf que pour qu'elles aient plus de goût, il faut toujours faire cuire nos pommes de terre et nos pâtes dans l'eau salée plutôt que dans l'eau pure.

Très bien. Voyons à présent les résultats des mesures de conductimétrie. Êtes-vous prêts ? *Il n'y avait pas de différences détectables de la concentration en sel dans la solution avant et après avoir fait mijoter la pomme de terre dans la soupe.* Cela veut dire que la concentration en sel n'a pas varié du tout, que ce soit dans l'une ou l'autre solution, la plus et la moins salée. Donc le truc de la pomme de terre pour extraire le sel de l'eau salée ne marche pas.

Mais, il existe encore bien d'autres trucs dont on entend parler pour diminuer la salinité, comme ajouter un peu de sucre ou du jus de citron ou du vinaigre pour atténuer la perception du salé. Existe-t-il donc aucune relation entre salinité et douceur ou acidité capable de diminuer cette perception de salé ? Après tout, c'est le goût salé que l'on veut diminuer, pas la teneur en sel.

Il était temps pour moi d'en parler avec des experts du goût – les scientifiques du Monell Chemical Senses Center à Philadelphie, une institution dédiée à la recherche dans le domaine complexe du goût et de l'odorat humains.

Tout d'abord, en ce qui concerne les effets des pommes de terre, aucune personne à qui j'en ai parlé n'a pu trouver une raison pour laquelle une pomme de terre ou l'amidon qu'elle contient serait capable de réduire la perception de goût salé. Néanmoins, le Dr Leslie Stein m'a très aimablement remis un article de 1996 publié dans la revue *Trends in Food Science Technology* où Paul A.S. Breslin du Monell Center évoque les interactions de différentes saveurs.

Une saveur peut-elle en supprimer une autre ? Oui et non. Cela dépend à la fois des quantités absolues et relatives de saveurs qui interagissent. Le Dr Breslin écrit : « Les saveurs salées et acides s'exaltent mutuellement à concentrations modérées, mais se suppriment mutuellement à fortes concentrations ». Ceci pourrait indiquer que le fait qu'ajouter une bonne dose de jus de citron ou de vinaigre à un potage très salé peut effectivement le faire paraître moins salé. Mais Breslin précise : « il y a des exceptions […] à ces généralités ». Dans le cas particulier du sel et de l'acide citrique (acide du jus de citron), il cite les résultats d'une étude dans laquelle l'acide citrique réduit la perception du goût salé et d'une autre étude où le goût salé n'est pas affecté et de deux études qui relatent que le goût salé avait en fait augmenté.

Alors ! Que faire ? Ajouter du jus de citron ? Du vinaigre ? Du sucre ? Il n'y a aucun moyen de prédire comment ils réagiront dans votre soupe particulière. Mais s'il vous plaît, essayez l'une de ces mesures avant de donner le tout à votre chien.

Il semble bien que le meilleur moyen de rattraper votre potage ou votre ragoût trop salé est de le diluer avec un bouillon – non salé bien sûr. Ainsi, vous pourrez en ajuster le goût à votre guise.

Épilogue

Il y a quelques à-côtés intéressants à cette expérience que je vais vous rapporter pour vous qui êtes des fanatiques de sciences (les autres peuvent passer à la question suivante).

Premièrement, il s'est avéré que la conductivité de l'eau salée après avoir mijoté avec des pommes de terre est un peu plus élevée – et non moins élevée – que celle des eaux non traitées. Ainsi, les pommes de terre elles-mêmes doivent contribuer à la conduction électrique de l'eau dans laquelle elles ont bouilli. Cela m'a surpris, parce que de prime abord, on pense qu'il n'y a que de l'amidon qui quittera la pomme de terre pour se retrouver dans l'eau et l'amidon ne conduit pas l'électricité. Mais, la pomme de terre contient pas mal de potassium – en fait 0,2 ou deux dixièmes de pour cent – et les composés de potassium sont conducteurs d'électricité, tout comme les composés qui contiennent du sodium. En tout cas, j'ai corrigé cet effet en soustrayant de la conductivité de la solution avec la pomme de terre dans l'eau, la conductivité de la pomme de terre elle-même. C'est ainsi que l'on fait avec les sels de sodium.

Deuxièmement, si malgré un couvercle bien fermé et un frémissement très doux, on avait perdu un peu d'eau de cuisson, la conductivité de l'eau aurait augmenté et non diminué. Un tel effet n'a pu être mis en évidence, après correction faite pour la pomme de terre elle-même.

C'est un exemple irréfutable, vous ne trouvez pas ?

15. Mettons-y notre grain de sel !

☞ Pourquoi est-il préconisé dans certaines recettes d'utiliser du beurre doux et de ne saler qu'en fin de préparation ?

Cela peut paraître bizarre, mais il y a une raison.

Une demi-livre de beurre salé contient de 1,5 à 3 g de sel ou environ une cuillerée à café de sel. Ce chiffre varie selon les marques et les régions. Lorsque vous suivez scrupuleusement une recette, particulièrement celle qui utilise beaucoup de beurre, vous ne pouvez pas vous permettre de jouer à la roulette russe avec une denrée aussi importante que le sel. C'est la raison pour laquelle les recettes sérieuses spécifieront l'emploi de beurre doux et laissent le sel pour une étape ultérieure d'assaisonnement.

De nombreux chefs cuisiniers préfèrent le beurre non-salé, souvent de meilleure qualité. Le sel est rajouté au beurre comme agent de conservation. Toutefois, si le beurre est utilisé rapidement comme c'est le cas dans les cuisines de restaurants, il est superflu d'en ajouter.

De plus, on détecte plus facilement les saveurs indésirables, comme le rance, dans du beurre doux.

Kiosque des sciences

Quels sont les sels de substitution ? Sont-ils plus sains que le sel de table ?

Le vrai sel de table est le chlorure de sodium. La garantie de sécurité dépend de son contenu en sodium. Personne n'a jusqu'à présent mis en cause la présence de chlore.

Le but des substituts de sel est de réduire ou même d'annuler l'apport en sodium, car on suspecte depuis longtemps que le sodium est la cause possible d'une tension artérielle élevée, mais cette affirmation ne fait pas l'unanimité auprès du corps médical.

Tant qu'il n'y aura pas de preuve incontournable, la possibilité de tergiversation subsiste, sans restriction.

Comme pour toute recherche dans le domaine du bien-être, le pire qui puisse vous arriver est que la pratique d'un régime sans sel entraîne d'autres risques.

Comprenez bien : cela ne veut pas dire : « mangez en tant et plus, jusqu'à en mourir ». Le risque a une probabilité de survenance; il ne se produit pas d'une façon certaine. Néanmoins, diminuer la quantité de sel dans les aliments revient à diminuer la quantité de sodium, ce qui est sans doute la pratique à adopter. Et jusqu'à présent, les incertitudes médicales ne sont pas venues à bout du grincement de nos nombreux moulins à sels.

Les sels de substitution proposés sont généralement à base de chlorure de potassium, grand frère du chlorure de sodium. Son goût est lui aussi salé, mais avec une certaine différence gustative.

Tous deux appartiennent à la même famille, celle des « sels alcalins ». Si l'habitude veut que l'on appelle le chlorure de sodium « le sel », c'est parce qu'il est le plus utilisé en cuisine.

Par ailleurs, en Amérique et plus particulièrement aux États-Unis, la réglementation du FDA (Food and Drug Administration) ne tolère l'utilisation du terme « sel » que pour le seul chlorure de sodium.

Ainsi, vous entendrez rire les chimistes, lorsque flânant dans les supermarchés, ils découvrent sur l'étagère les produits « Nosalt » qui ne sont que du chlorure de potassium, vendu sous l'étiquette « sans sel ».

La firme américaine Mortons Lite Salt Mixture présente à la vente un mélange 50-50 de chlorure de sodium et de chlorure de potassium, destiné à ceux qui décident de diminuer leur consommation de sel, tout en maintenant une saveur acceptable.

Quant à elle, la firme Salt Sense présente à la vente un sel « diététique » et prétend que c'est uniquement du « vrai sel », donc du chlorure de sodium à 100 %, annonçant par ailleurs que par rapport au sel de cuisine, il contient 33 % de sodium en moins.

Cette affirmation peut suggérer effectivement un ajout (frauduleux ? !) de chlorure de potassium.

Des analyses ont été effectuées dont les résultats sont concluants et sans appel : le Salt Sense est bien du chlorure de sodium pur, aucun autre sel n'est détecté !

Ainsi, le Salt Sense est réellement du « vrai sel ».

Mais alors, comment justifier cette publicité aguicheuse et tellement déconcertante ?

C'est au chimiste qu'on demandera de concevoir l'expérience qui révélera la véritable composition du Salt Sense. Voici ce qu'il fit :

- Sur chaque plateau d'une balance, il dépose une cuillère à café vide. Les deux cuillères sont identiques, de même poids et de même volume : la balance est en équilibre.
- L'une des cuillères est ensuite remplie à ras bord de sel de cuisine et l'autre de Salt Sense. Le résultat est surprenant de prime abord : la balance penche du côté du sel de cuisine.

Einstein lui-même en serait perplexe : le chlorure de sodium n'est-il pas toujours constitué d'un atome de chlore lié à un atome de sodium, qui ont chacun un poids (poids atomique), qui leur est propre et qui est de 35,5 pour le chlore et de 23 pour le sodium ?

Et voici la clef de l'énigme !

Les deux sels sont identiques quant à leur structure **chimique**. Tous deux sont de « vrais sels ». Néanmoins, une différence est perçue quant à leur présentation et structure **physique**, car si le sel de cuisine se présente sous la forme de petits cristaux, le Salt Sense se présente sous forme de flocons !

Pour un même volume de sel, le Salt Sense a un poids moindre que le sel de cuisine (les scientifiques vous diront que « la densité » du Salt Sense est moindre).

Vous qui, par habitude, ajoutez une cuillère de sel à vos mets, choisissez le sel sous forme de flocons, notamment le Salt Sense. Vous consommerez moins de sodium, tout en ayant l'impression d'en consommer autant. Ce sera tout bénéfice pour vos artères.

Cette technique commerciale astucieuse relève de ce qu'on nomme à présent du « marketing créatif ».

Qu'en pensez-vous ?

Chapitre 3

Vivre grassement

Les trois composants principaux de notre nourriture sont les glucides, les protéines et les graisses. Mais à en juger par le nombre d'articles parus sur les graisses, que ce soit dans les magazines, ou les guides diététiques, on pourrait croire que les graisses sont le seul composant qui nous concerne, non pas qu'on n'en consomme pas assez, mais parce qu'on ne consomme pas les bonnes.

Il y a deux sources d'inquiétude principales : la quantité de calories que contiennent les graisses, à savoir neuf calories par gramme (contre quatre calories par gramme de protéines ou de glucides) et les effets néfastes de certains types de graisse.

N'étant pas nutritionniste, je ne suis pas qualifié pour vous indiquer les aspects « santé » des différentes graisses et les experts eux-mêmes ont parfois du mal à se mettre d'accord. Je me concentrerai plutôt sur ce que sont les graisses et l'usage que l'on en fait. Comprendre ces principes de base vous permettra de mieux interpréter et évaluer toutes ces publications.

16. De graisses et d'acides

☞ **Quel que soit l'article que je lise sur les graisses saturées et insaturées, l'auteur commence par parler de graisses et passe ensuite sans crier gare des graisses aux « acides gras » et *vice versa* apparemment au hasard, comme si c'était la même chose. Y a-t-il des différences entre ces deux termes ? Lesquels ?**

Cela fait longtemps que je lis ce genre de formulations inexactes. Probablement plus longtemps que vous. En fait, en tant que chimiste, je ne peux pas m'empêcher de soupçonner bien des auteurs de ne pas connaître la différence. Et pourtant, il y en a une !

Chaque molécule de graisse comporte trois chaînes d'acides gras qui peuvent être saturées ou insaturées et qui transmettent ces qualités à la molécule de graisse.

Voyons d'abord ce que sont les « acides gras ».

Ce sont des acides qui composent les graisses.

Ils font partie d'une grande famille que les chimistes nomment « acides carboxyliques ». Ce sont des acides très faibles, à l'opposé de l'acide sulfurique par exemple (appelé également vitriol), un corrosif puissant utilisé dans les batteries des voitures.

Une molécule d'acide gras est constituée d'une longue chaîne contenant jusqu'à 16 ou 18 (ou plus) atomes de carbone et portant chacun deux atomes d'hydrogène. (En jargon scientifique, la chaîne est composée de groupes CH_2.) Si chaque carbone de la chaîne est lié à 2 hydrogènes, c'est-à-dire si la chaîne contient le nombre maximum d'atomes d'hydrogène, on dit que l'acide gras est saturé (d'hydrogène). Mais, s'il manque deux atomes d'hydrogène à un endroit de la chaîne, l'acide gras est dit monoinsaturé. Si ce phénomène se reproduit à plus d'un endroit de la chaîne, l'acide gras est dit polyinsaturé. (En fait, il manque un atome d'hydrogène à deux atomes de carbone voisin, mais ne chipotons pas.)

Parmi les acides gras usuels, citons l'acide stéarique (saturé), l'acide oléique (monoinsaturé) et les acides linoléique et linolénique (polyinsaturés).

La position exacte des carbones insaturés sur la chaîne (en jargon scientifique, les doubles liaisons) a son importance tant pour les chimistes que pour notre corps. Vous avez certainement entendu parler des « omega-3 » que l'on trouve dans les poissons gras et qui jouent un rôle dans la prévention des maladies cardiovasculaires ? Eh bien ! « Omega-3 » permet au chimiste d'indiquer l'endroit (à partir du bout de la molécule) où les premiers atomes d'hydrogène manquent (la première double liaison) : elle se situe à trois atomes de carbone de la fin – omega est la dernière lettre de l'alphabet grec.

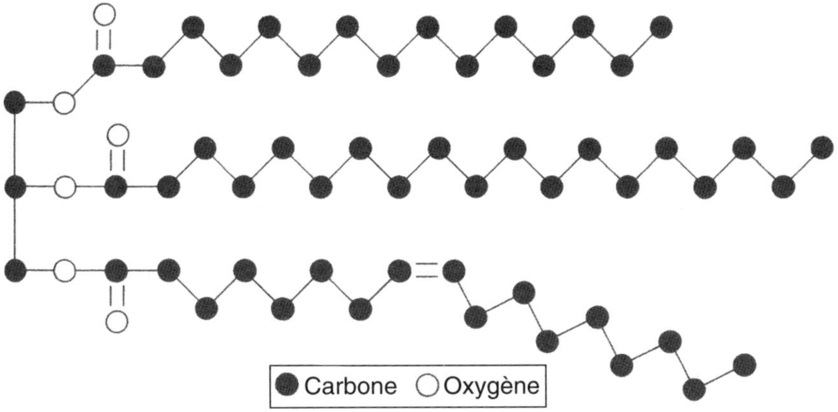

Représentation d'une grande molécule de graisse (triglycéride) montrant trois chaînes d'acide gras liées à une molécule de glycérol (gauche). (Les atomes d'hydrogène ne sont pas représentés.) Les deux chaînes du haut sont saturées. Celle du bas est monoinsaturée, car elle contient une double liaison.

Les acides gras ont généralement un mauvais goût ainsi qu'une odeur nauséabonde. Heureusement, ils ne sont que rarement présents dans nos aliments sous leur forme libre. Le goût et l'odeur sont atténués, lorsque les acides gras sont liés à un composé, appelé glycérol : chaque molécule de glycérol se lie alors à trois molécules d'acides gras. *Trois molécules d'acide gras liées à une molécule de glycérol constituent une molécule de graisse.* Les chimistes représentent schématiquement la molécule de graisse comme trois banderoles assez longues (les acides gras) liées à un mât (le glycérol) et appellent l'ensemble un triglycéride (*tri* pour les trois acides gras et *glycéride* pour désigner la molécule de glycérol), mais son nom courant est « graisse » car l'immense majorité des molécules de graisse sont des triglycérides.

Les graisses animales ou végétales sont des mélanges de nombreuses molécules de graisse contenant différentes combinaisons d'acides gras. En général, les acides gras plus courts et moins saturés donnent des graisses molles, alors que les acides gras plus longs et plus saturés donnent des graisses dures. Cela est dû au fait que la molécule d'un acide gras insaturé est « tordue » à l'endroit où il manque un couple d'atomes d'hydrogène (en jargon scientifique : au niveau d'une double liaison). En conséquence, les molécules de graisse ne peuvent pas s'empiler de façon aussi compacte pour donner une graisse dure et solide, si bien que la graisse a des chances d'être liquide. Ainsi, les graisses animales majoritairement saturées sont généralement solides alors que les graisses végétales majoritairement insaturées sont en général liquides.

Lorsque l'étiquette d'un flacon d'huile d'olive mentionne qu'elle est à 70 pour cent monoinsaturée, à 15 pour cent polyinsaturée, et à 15 pour cent saturée, il s'agit des pourcentages des trois types d'acides gras dans l'ensemble des molécules de graisse. Nous ne nous soucions pas de l'arrangement ou de la répartition des différents acides gras dans les molécules de graisse parce que ce ne sont que les proportions relatives des acides gras dans l'ensemble de la graisse qui en déterminent les bienfaits et les effets néfastes pour la santé. La partie « glycérol » présente dans toutes les graisses n'a aucune valeur nutritionnelle importante et fait office d'accompagnateur. Les acides gras « essentiels » sont ceux dont le corps a besoin pour fabriquer ces hormones importantes que sont les prostaglandines.

Profitons de l'occasion pour parler d'acides gras et de triglycérides et expliquons certains termes relatifs aux graisses que vous avez pu entendre.

Les monoglycérides et les diglycérides ressemblent aux triglycérides, sauf que (vous pouviez le deviner) elles ont seulement une (mono-) ou deux (di-) molécules d'acide gras liées à la molécule de glycérol. Ils sont présents en très faibles quantités, en mélange avec les triglycérides, dans toutes les graisses naturelles et leurs acides gras sont comptabilisés dans les taux de graisses saturées et insaturées. Ils sont également utilisés comme émulsifiants dans toutes les substances qui favorisent le mélange huile/eau dans de nombreux plats préparés. Mais pouvons-nous considérer ces émulsifiants comme des graisses ? En quelque sorte. Les triglycérides sont transformés en mono- et diglycérides au cours de la digestion, si bien que leurs effets nutritionnels sont quasiment les mêmes.

Finalement, le mot *lipide*, du grec « *lipos* », veut dire graisse. Mais nous utilisons ce mot dans un sens plus large. Lipide est un terme fourre-tout qui désigne toutes les substances huileuses, grasses ou liposolubles (qui « aiment » les graisses) du monde du vivant parmi lesquelles les phosphatides, les stérols et les vitamines solubles dans la graisse. Lorsque votre bilan sanguin revient du laboratoire médical, vous trouverez mentionné non seulement la quantité de triglycérides contenus dans votre sang (un sang trop gras n'est pas bon) mais aussi la quantité de diverses formes de cholestérol, qui est un alcool gras.

Que pouvons-nous faire pour minimiser la confusion entre « graisse » et « acide gras » dans les articles sur la nutrition ?

Tout d'abord, nous devons reconnaître que, bien que le mot graisse corresponde à une espèce chimique – un triglycéride – par opposition à une protéine ou un glucide – on l'utilise dans le langage courant pour désigner des mélanges de graisses comme le beurre, le saindoux, l'huile. (Chacun de ces produits est nommé graisse dans le régime alimentaire.) Rares sont les lecteurs qui peuvent lever l'ambiguïté, sauf si ce n'est pour déterminer si le mot est utilisé dans un contexte chimique ou s'il relève d'une catégorie d'aliments.

En second lieu, nous pouvons inciter les rédacteurs de chroniques nutritionnelles à veiller à différencier soigneusement les « graisses » des « acides gras ». Voilà quelques suggestions.

Plutôt que de qualifier une graisse comme saturée ou insaturée, préciser qu'elle est saturée à *x* pour cent, insaturée à *y* pour cent et polyinsaturée à *z* pour cent sans ajouter ce à quoi ces chiffres font référence (les acides gras).

Au lieu de dire, comme je l'ai souvent vu, « une graisse saturée (ou insaturée) », ce qui n'a pas de sens, on devrait parler plutôt de « graisse riche en composées saturés (ou insaturés) ».

En général, mieux vaut utiliser le terme acide gras le moins souvent possible car le grand public comprend déjà le terme graisse (ou du moins le pense) et car ce terme est moins intimidant. Mais, si l'on veut parler d'un acide gras en particulier, il faut au préalable définir le terme, par exemple comme « un des constituants des graisses ».

17. Ce n'est pas gras !

☞ Pourquoi les graisses deviennent-elles rances ?

Les acides gras libres ! Ce sont des molécules d'acide gras qui se sont détachées des molécules de graisse (nommées aussi triglycérides). La plupart des acides gras sont malodorants et ont mauvais goût. Il n'en faut qu'une petite quantité pour gâter un aliment gras.

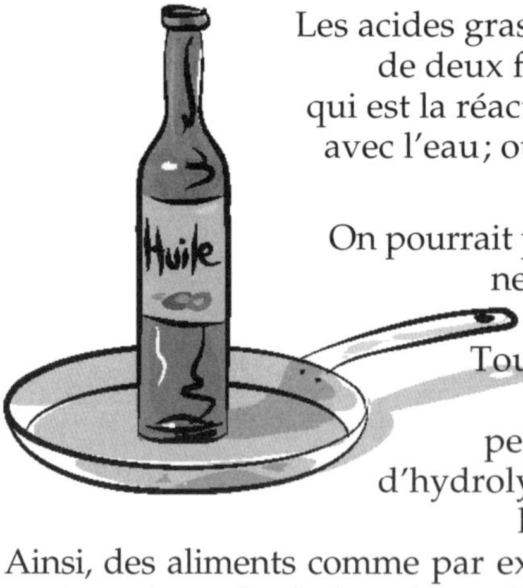

Les acides gras peuvent se détacher de la graisse de deux façons différentes : par l'hydrolyse qui est la réaction du corps gras ou de la graisse avec l'eau; ou par oxydation qui est la réaction avec l'oxygène.

On pourrait penser que les huiles et les graisses ne réagissent pas avec l'eau. En effet, elles ont horreur de s'y mélanger. Toutefois, les enzymes naturellement présentes dans les aliments gras peuvent à la longue aider la réaction d'hydrolyse à se produire (scientifiquement, les enzymes catalysent l'hydrolyse). Ainsi, des aliments comme par exemple le beurre ou les noix peuvent rancir par hydrolyse, lorsqu'ils sont entreposés trop longtemps. Le beurre est particulièrement vulnérable. En effet, il contient des acides gras à courtes chaînes dont les molécules plus petites se répandent plus aisément dans l'air (le chimiste dit : elles sont plus volatiles) et exhalent une odeur nauséabonde. C'est l'acide butyrique qui est ici le principal coupable.

Les hautes températures favorisent aussi le rancissement d'une huile par hydrolyse, comme c'est le cas lorsqu'on fait frire des aliments humides. C'est une des raisons pour lesquelles l'huile de friture commence à sentir mauvais au bout d'un certain temps.

La seconde cause majeure de rancissement est l'oxydation. Elle se produit plus facilement avec des acides gras insaturés. Les acides gras polyinsaturés s'oxydent plus facilement que les monoinsaturés. L'oxydation est accélérée (catalysée) par la chaleur et la lumière ainsi que par des traces de métaux, présents dans les instruments de cuisine utilisés pour préparer les aliments. On peut empêcher cette oxydation par complexation des ions métalliques en solution en utilisant un agent complexant, tel l'acide éthylène-diamine-tétracétique qui séquestre les atomes métalliques.

La morale de cette histoire : puisque chaleur et lumière catalysent le rancissement, conservons les aliments gras et les huiles dans un endroit frais, à l'abri de la lumière. Vous savez maintenant pourquoi c'est ce qu'indiquent les étiquettes.

18. Est-ce tout à fait clair ?

☞ **Je voudrais réaliser une recette qui demande d'utiliser du beurre clarifié. Comment dois-je faire ? À quoi cela sert-il de clarifier du beurre, si ce n'est… euh, le rendre plus clair ?**

Cela dépend de votre point de vue ! Le beurre clarifié est un beurre débarrassé de tout, sauf de cette délicieuse graisse qui sclérose les artères et qui n'est en réalité qu'un corps gras très saturé. Mais, si l'on utilise du beurre clarifié pour la cuisson à la place du beurre entier, on évite de manger des protéines roussies qui sont peut-être nuisibles à la santé car cancérigènes. Choisissez votre poison.

Pour certaines personnes, le beurre est comme un bloc de graisse enveloppé d'un voile de culpabilité. Or, culpabilité ou pas, le beurre n'est pas que de la graisse ! C'est un mélange de graisse, d'eau et de protéines solides. Lorsqu'on clarifie le beurre, on sépare la graisse et on jette tout le reste. Dès lors, si on utilise la graisse pure, on peut frire les aliments à plus haute température, sans les brûler et sans que cela fume, parce que l'eau du beurre entier limite la température et que les protéines ont tendance à brûler et à fumer.

Lorsque les protéines sont chauffées dans une poêle à frire avec du beurre entier, elles commencent à brûler et à fumer aux alentours de 120 °C. Une manière de protéger le beurre est de déposer dans la poêle à frire un peu d'huile de cuisson qui commence à fumer aux alentours de 220 °C. Mais, il y aura néanmoins un léger brunissement des protéines de beurre.

Ou bien, on peut utiliser du beurre clarifié qui n'est qu'une huile dépourvue de protéines et ne déclenchera votre détecteur de fumée que vers 175 °C.

Le beurre clarifié se conserve bien plus longtemps que le beurre entier car les bactéries dégradent les protéines mais pas les graisses.

En Inde, où la réfrigération peut être rare, le beurre clarifié (appelé *usli ghee*) est préparé en le faisant fondre lentement et en évaporant ensuite toute l'eau, à la suite de quoi les protéines et les sucres carbonisent légèrement, donnant au *ghee* un goût agréable de noisette.

Le beurre clarifié peut éventuellement rancir. Mais le rance n'est qu'un goût amer et ne provient pas d'une contamination bactérienne. En fait, les Tibétains préfèrent le beurre de yack clarifié et légèrement ranci.

À chacun son goût !

19. Parti en fumée !

☞ Quels sont les différents points d'ébullition des huiles de cuisson ? Quelles sont les conséquences en cuisine ?

Je ne pense pas que vous voulez vraiment dire « point d'ébullition ». L'huile ne bout pas.

Bien avant que la chaleur devienne suffisante pour pouvoir apercevoir un bouillonnement ou quelques bulles, l'huile de cuisson est déjà décomposée en produits désagréables et en particules carbonisées qui agressent les papilles gustatives avec un goût de brûlé, les narines avec une odeur âcre et les oreilles avec un bruit strident provenant de votre détecteur de fumée. Si vous vous intéressez davantage à la température la plus haute que l'on puisse atteindre, lors d'une cuisson à l'huile, sachez qu'elle n'est pas limitée par un point d'ébullition, mais par la température à laquelle l'huile commence à fumer, dite « point de fumée ».

Les points de fumée des huiles végétales les plus utilisées varient de 120 °C à 235 °C. Malgré les valeurs précises mentionnées dans certains livres, le point de fumée exact ne peut être donné, puisque

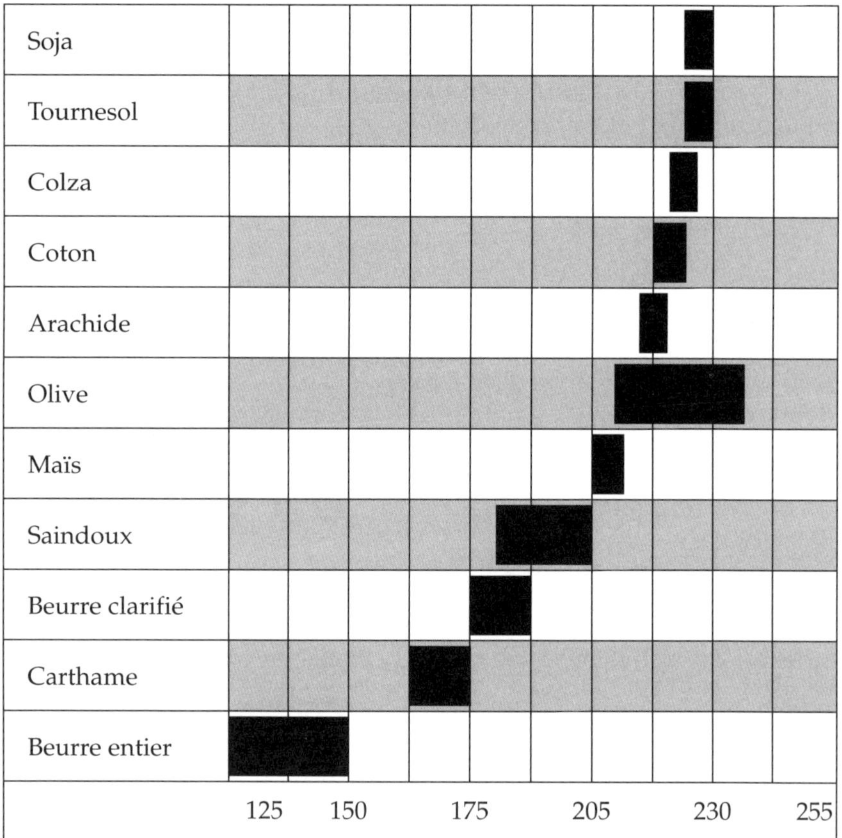

Points de fumée approximatifs de certaines huiles de cuisson et du saindoux. Le point de fumée exact dépend de la façon dont l'huile a été raffinée et peut baisser sensiblement au fur et à mesure de l'utilisation.

(Source, sauf saindoux : Institute of Shortening and Edible Oils.)

pour un type d'huile donné la température du point de fumée varie quelque peu en fonction de divers facteurs : le degré de raffinage, la variété de la graine, le climat et les conditions météorologiques durant la période de croissance de la graine.

Néanmoins, l'*Institute of Shortening and Edible Oil* aux États-Unis (il y a des instituts pour tout de nos jours) publie l'intervalle approximatif de température de fumée de certaines huiles de cuisson usuelles.

Voici quelques valeurs : l'huile de carthame : 160 °C à 175 °C; l'huile de maïs : 205 °C à 215 °C; l'huile d'arachide : 225 °C à 230 °C; l'huile de coton : 220 °C à 225 °C; l'huile de colza (parfois appelée canola) : 225 °C à 230 °C; les huiles de tournesol et de soja : 230 °C à 235 °C; l'huile d'olive : 210 °C à 240 °C selon le type d'huile (les huiles extra-vierges ont un point de fumée généralement plus bas et les huiles filtrées ont le point le plus haut).

Les graisses animales fument en général plus tôt que les huiles végétales, parce que les acides gras composant les graisses solides sont plus saturés et se fragmentent donc plus facilement. Les graisses animales fument en général à plus basse température que les huiles végétales car les acides gras saturés se rompent plus facilement.

Lorsque les huiles de cuisson atteignent 315 °C, elles franchissent la température d'ignition qui est la température à laquelle les vapeurs d'huiles prennent feu si elles sont mises au contact d'une flamme. Lorsque la température atteint 370 °C, la plupart des huiles s'enflamment spontanément.

À l'exception de quelques huiles spéciales, les cuisiniers préfèrent en général les huiles qui ont une saveur fade car elles ne donnent pas de goût aux aliments. Toutefois, l'huile d'olive est appréciée pour ses saveurs complexes qui s'échelonnent du goût noisette au goût poivré en passant par les goûts herbeux et fruités selon la provenance, la variété des olives et les conditions de croissance. Les cuisines méditerranéennes doivent leur qualité unique à l'emploi quasi exclusif d'huile d'olive, qui donne de la saveur au plat et ne sert pas seulement lors de la cuisson. Cette huile est utilisée dans bien des préparations cuites ou frites et je n'ai pas encore entendu les Espagnols et les Italiens se plaindre de quelque fumée que ce soit.

DESSERT FRIT
BEIGNETS DE RICOTTA

Les aliments frits ne sont pas nécessairement lourds et la cuisine peut ne pas être enfumée. Ces beignets-ci sont croustillants et légers, et il n'y a pas d'odeur d'huile d'olive si sa température ne dépasse pas 190 °C. Un peu de miel donnera une touche finale traditionnelle mais n'importe quel sirop de fruit fera l'affaire, en particulier celui de fraise.

Ingrédients pour environ 30 beignets, soit pour 4 à 6 personnes

- 250 grammes de ricotta
- 2 gros œufs légèrement battus
- 1,5 cuillerée à soupe de beurre doux fondu
- 1 cuillerée à soupe de sucre
- le zeste d'un citron
- une pincée de noix de muscade fraîchement moulue
- une pincée de sel
- 1/2 tasse de farine
- de l'huile d'olive
- du sirop de fruit ou de miel

Mettez la ricotta dans un saladier. Mélangez les œufs battus afin d'obtenir un mélange homogène. Ajoutez le beurre, le sucre, le zeste de citron, la noix de muscade finement moulue et le sel. Mélangez bien. Ajoutez la farine et remuez jusqu'à obtenir un mélange homogène. Laissez reposer pendant 2 heures.

Mettez de l'huile d'olive dans une poêle profonde ou une friteuse et chauffez à feu moyen. La température doit atteindre environ 190 °C. Si vous n'avez pas de thermomètre à viande, mettez un peu de pâte à beignet dans l'huile. Si la pâte remonte immédiatement à la surface, la température est bonne.

À l'aide de deux petites cuillers, versez avec précaution la pâte dans l'huile. N'en mettez pas trop à la fois. Les beignets vont souffler et brunir. Utilisez une spatule ou le manche d'une cuiller en bois pour les retourner et les faire dorer des deux côtés. Lorsque les beignets sont cuits, retirez-les de l'huile avec une écumoire et placez-les sur un essuie-tout pour les égoutter.

Servez-les chaud avec du miel et/ou du sirop de fruit.

Par bonheur, le point de fumée de nombreuses huiles de cuisson est plus élevé que la température de friture à savoir à 175 °C à 190 °C nécessaire pour frire un aliment. Mais attention au fait que les graisses de friture peuvent atteindre 200 °C, si elles ne sont pas strictement contrôlées. Il n'y a donc pas beaucoup de marge de manœuvre. Hormis le beurre non clarifié qui commence déjà à fumer entre 120 °C et 150 °C, vous n'aurez pas de problème de fumée quand vous ferez sauter les aliments à moins de manipuler la manette du brûleur avec la main un peu lourde !

Il est important de noter que les points de fumée donnés ci-dessus sont ceux d'huiles fraîches. Lorsque les huiles sont oxydées ou réchauffées, leur point de fumée est moins élevé, elles se brisent en acides gras libres et donnent à l'huile une saveur âcre. Toute huile exposée à l'air ou à la chaleur fumera plus facilement et dégagera une odeur désagréable et ceci quelle que soit l'huile. De plus, les huiles chaudes ont tendance à polymériser – elles forment de très longues molécules ce qui leur donne une consistance élastique et une couleur sombre.

Enfin, les huiles chaudes peuvent se fragmenter en composés chimiques malsains comme les fragments moléculaires très réactifs appelés radicaux libres.

Tout ceci pris en compte, il vaut mieux pour des questions de santé mais aussi pour une question de goût, n'utiliser l'huile de friture qu'une fois ou éventuellement deux fois avant de la jeter, ou l'éliminer immédiatement si elle a fumé de façon importante.

20. Débarrassez-moi de cette horrible graisse !

☞ **Comment éliminer la graisse usagée après y avoir frit des aliments ? Ce n'est pas très écologique, si ?**

Oui ! Effectivement ! Bien que les graisses et les huiles soient biodégradables à long terme, elles peuvent encrasser la terre durant de nombreuses années. Elles sont néanmoins moins nuisibles que les

produits pétroliers que seulement une ou deux espèces de bactéries sont capables de digérer et qui ont une durée de vie quasiment illimitée.

De petites quantités de matière grasse peuvent être absorbées par du papier absorbant et ensuite être mises à la poubelle. Pour ma part, je déverse des quantités plus importantes dans un bidon vide que je mets ensuite au congélateur. L'huile s'y solidifie. Lorsque le récipient est plein, je le scelle dans un sac en plastique et jette le tout à la poubelle. Il ne me reste qu'à espérer que la graisse ou l'huile ne va ni fondre ni s'écouler doucement avant d'avoir migré loin, très loin de moi. Tout ceci est impardonnable, je le sais, mais c'est nettement préférable à verser la graisse dans l'évier. De plus, la graisse produit une belle flamme lors de l'incinération des ordures.

Un problème surgit malgré tout, lorsqu'il s'agit de rejeter de grandes quantités d'huiles de cuisson usagées. Les restaurants font souvent appel à un service d'enlèvement d'ordures qui collecte les huiles usées et les vend à certaines industries chimiques ainsi qu'à des savonneries. Mais vous. Que pouvez-vous faire chez vous, à part les emballer dans du papier cadeau, déposer le tout dans votre voiture non fermée, laisser le tout au voisinage d'un quartier chaud en espérant que quelqu'un vole ce beau cadeau ?

J'ai consulté un hydrologéologue (il étudie l'infiltration des liquides dans les sols) du Département de Protection de l'Environnement. Il propose de mélanger l'huile avec une quantité raisonnable de produit de vaisselle (qui a un appétit prodigieux pour la graisse), de secouer vigoureusement le mélange pour l'homogénéiser et de verser le tout dans votre évier en faisant couler beaucoup d'eau froide pour que le tout finisse dans votre station d'épuration locale. Toutefois, je ne vous recommande pas ce procédé. Alors, si par hasard vous bouchez votre plomberie ou si vous faites tomber en panne la station d'épuration, ne m'en faites pas le reproche.

Il vaudrait mieux parvenir à convertir un déchet en un produit utile. Utilisez cette huile comme carburant alternatif pour votre voiture Diesel, que ce soit une voiture Mercedes, une Volkswagen ou un pick-up. Après tout, lorsque Rudolf Diesel fit la démonstration de son nouveau moteur, à l'Exposition universelle de Paris en 1900, il le fit fonctionner à l'huile d'arachide. N'en faites pas l'expérience avant d'avoir lu le livre de Joshmua Tickell *From the Fryer to the Fuel Tank* (Greenteach Publication, 2000)[1].

Si vous suivez ma suggestion, je vous conseille d'arrêter de donner des matières grasses à votre voiture avant qu'elle ne devienne trop grosse pour rentrer dans votre garage.

1. N.d.T. : rappelons que l'utilisation d'huile alimentaire comme carburant automobile est pour l'instant interdite par la loi en France.

21. Coupe-lait

☞ Comment homogénéise-t-on le lait ?

Certains de mes lecteurs d'un « certain âge » peuvent se rappeler le temps où le lait en bouteille était livré à domicile. (J'ai lu cela dans mes livres d'histoire…). Au-dessus du lait, il y avait une couche de crème qui surnageait. Pourquoi ? Simplement, parce que la crème de lait n'est que du lait à haute teneur en graisse et que cette graisse est moins dense que l'eau, elle flotte au-dessus.

Nous, les « anciens », devions secouer vigoureusement la bouteille pour répartir uniformément la crème.

Mais si l'on parvient à fragmenter les globules de graisse d'un diamètre de deux millièmes de millimètre, la graisse ne pourrait plus remonter et resterait en suspension dans l'eau car les molécules les bombarderaient de toute part.

Pour cela, on pulvérise le lait au travers d'un tamis métallique avec une pression d'environ 16 kg par cm^2. Il en ressort un brouillard dont les gouttelettes de graisse sont suffisamment petites pour rester en suspension. C'est ce qu'on appelle un « lait homogénéisé ».

Les yoghourts et les crèmes glacées sont généralement fabriqués à partir de lait homogénéisé. Ce qui n'est pas le cas du beurre, ni du fromage car pour obtenir ces produits on veut que les globules de graisse de beurre puissent se joindre entre eux et se séparer dans la solution.

22. Pari perdu

☞ **Un ami veut engager le pari que la crème de lait épaisse est plus légère que la crème fluide. Est-ce raisonnable de faire ce pari ?**

Non ! Votre ami aurait gagné !

La crème fraîche épaisse contient un pourcentage de crème supérieur à celui de la crème fraîche fluide : 36 à 40 pour cent de matière grasse dans une crème fraîche épaisse contre 18 à 30 pour cent dans une crème fraîche liquide. (Si vous êtes intéressé, sachez qu'une crème épaisse contient jusqu'à deux fois plus de cholestérol). Mais, à volumes égaux, les graisses pèsent moins que l'eau : elles sont moins denses. Ainsi, plus un liquide à base d'eau est gras, moindre sera sa densité. Cela ne fait pourtant pas une très grande différence.

Dans ma cuisine laboratoire, une pinte américaine pèse 475 g, si elle est pleine de crème fraîche épaisse, tandis que la pinte américaine de crème fraîche liquide pèse 476,4 g. Donc, 0,3 pour cent de plus.

Les noms de crème légère ou liquide et de crème épaisse ou entière n'ont aucune relation avec leur poids. Le terme s'applique au caractère riche ou épais. Les crèmes les plus épaisses, visqueuses, paraissent plus substantielles ou moins agréables dans la bouche mais aussi sur la langue.

Par conséquent, l'ami gagnerait le pari.

Kiosque des sciences

Toutes les huiles sont-elles comestibles ?

Nous avons fait connaissance ci-dessus avec la structure des graisses comestibles de provenance animale ou végétale, ces triglycérides qui se rompent dans notre corps en lui fournissant dès lors de l'énergie.

Toutefois, si nous ingurgitons une quantité trop abondante de graisses, notre corps stocke l'excédent sous forme de bourrelets inesthétiques. Notre consommation courante de graisse est trop souvent excessive mais appréciée par notre palais tatillon.

Cette consommation est favorisée grâce à des traitements industriels qui n'ont d'autres buts que de rendre ces huiles plus attractives.

Vous trouverez ci-dessous les traitements « cosmétiques » auxquels on soumet les huiles végétales avant de les faire atterrir sur l'étagère de votre épicier avec la mention « entièrement naturelle » ou « pure à 100 % ».

Voici quelques procédés en vogue auxquels les huiles sont soumises.

On commence par extraire l'huile des graines dans des extracteurs. Ceux-ci parviennent chacun à extraire quelque 30 tonnes de graines de tournesol par jour. Toutefois, durant ce traitement, la température peut atteindre les 100 °C. La pression dite « à froid » se pratique dans des extracteurs refroidis.

Un moyen plus habituel est de dissoudre les graines préalablement broyées dans de l'hexane qui sera ensuite évaporé. L'on retrouve environ un millionième de % d'hexane après l'extraction et l'évaporation et cela malgré son point d'ébullition, 69 °C. Le rendement est toutefois meilleur que celui obtenu par extraction à froid mais cette huile plus coûteuse n'est pas autant appréciée par les boutiques d'alimentation diététiques.

Les huiles pressées à froid peuvent être « dégommées » par l'addition de faibles quantités d'eau et/ou d'acide citrique qui a le pouvoir de précipiter certains produits collants, notamment les phosphatides.

Si la couleur de l'huile s'avère peu appétissante et donc indésirable, on la blanchit non pas par de l'eau de Javel, mais on la met en contact avec des argiles ou du charbon actif qui absorbent les impuretés pigmentées.

Si une odeur désagréable subsiste après traitement de l'huile, on désodorise celle-ci par une distillation à la vapeur d'eau réalisée sous vide, qui abaisse le point d'ébullition et diminue la dégradation de l'huile.

Finalement, l'huile peut être fractionnée, désulfurisée ou hibernée, ce qui consiste à la refroidir de façon à pouvoir éliminer les nuages de graisse qui apparaissent lorsque l'huile est stockée dans un endroit froid. Néanmoins, il me semble que ces nuages n'altèrent nullement la qualité du produit. En effet, l'huile se clarifiera lorsqu'on la placera dans un endroit à température ambiante.

Ces traitements vous paraissent-ils néfastes ?

Vous pouvez aussi l'appeler « purification » si le mot « traitement » vous dérange.

Mais, si vous considérez les graines oléagineuses concassées, elles contiennent de nombreuses impuretés qui affectent la flaveur, la couleur et les propriétés gustatives, lorsqu'elles ne sont pas éliminées.

On y retrouve aussi des fragments de graines, des résidus de pesticides, des traces de métaux, du phosphore, des cires, des acides gras libres, de la chlorophylle, des caroténoïdes, des pigments.

Si la chimie et la mécanique n'étaient pas mises à profit, je doute que nous les trouverions consommables. La seule exception est l'huile d'olive, celle-ci provenant directement de la chair du fruit et ne subissant aucune filtration.

Chapitre 4

La chimie dans la cuisine

C'est un cliché dépassé de dire que la cuisine est de la chimie. Il est vrai que chauffer des aliments entraîne des modifications chimiques qui, nous l'espérons, en améliorent le goût, la texture et la digestibilité. Mais la cuisine est aussi un art ! L'art culinaire se distingue de la simple habileté du cuisinier. Il requiert, outre un savoir-faire, une connaissance des ingrédients qui restituent un échange chimique plus que gratifiant, grâce à l'intuition et aux manipulations du cuisinier.

Pensez-vous que cette description de l'un des grands plaisirs de la vie manque de romantisme ? Bien sûr. Il subsiste néanmoins que tout aliment est un produit chimique. Les glucides (nommés aussi hydrates de carbone), les graisses, les protéines, les vitamines et les minéraux sont tous constitués de ces petites unités chimiques nommées « molécules » ou « ions ». Une énorme variété de différentes molécules joue de grands rôles dans l'infinité de réactions chimiques complexes que nous appelons cuisson, métabolisme et l'on peut même dire la vie elle-même.

Mais, outre ces nutriments essentiels, il y a bien d'autres substances – des produits chimiques – que nous manipulons en cuisine et que nous rencontrons durant la cuisson. Dans ce chapitre, nous nous intéresserons à certains produits chimiques présents dans notre alimentation, sans tenir compte du point de vue effrayant des opposants aux additifs, mais en reconnaissant simplement que nos aliments sont tous des produits chimiques, l'eau pure étant évidemment le plus important d'entre eux.

23. L'ammoniac ? Connais pas !

☞ **J'ai une vieille recette qui suggère l'emploi d'une levure chimique à l'ammoniac. Qu'est-ce que c'est ?**

L'ammoniac est en fait un gaz à odeur âcre, généralement dissous dans l'eau. Il est utilisé pour la lessive et le nettoyage. Mais la levure à l'ammoniac est en fait du bicarbonate d'ammonium, un levain qui, lorsqu'il est chauffé, dégage trois gaz : la vapeur d'eau, le dioxyde de carbone et l'ammoniac. Ce produit n'est plus guère utilisé – il est d'ailleurs très difficile d'en trouver – car l'ammoniac qui se dégage peut donner un goût amer s'il n'est pas totalement évacué durant la cuisson. Les pâtissiers peuvent l'utiliser pour la fabrication de biscuits plats, tels les cookies qui sont de petits biscuits à large surface, ce qui permet aux gaz de s'échapper.

24. Cherchons l'intrus !

☞ **La dernière fois que j'ai préparé des lasagnes, j'ai mis les restes au réfrigérateur, couverts d'une feuille d'aluminium. Lorsque, un peu plus tard, j'ai retiré les lasagnes du réfrigérateur, j'ai constaté que là où la préparation avait été en contact avec la feuille d'aluminium, celle-ci était criblée de petits trous. Y aurait-il eu une réaction chimique ? Si oui, la lasagne aura-t-elle le même effet dans notre estomac ?**

Comme vous le craignez, votre lasagne troue réellement le métal en le « mangeant ». (Ceci sans commentaires à l'égard de votre cuisine.)

L'aluminium est classifié par les chimistes comme « métal actif » facilement attaqué par les acides comme, par exemple, l'acide citrique et d'autres acides organiques présents dans la tomate. En fait, ne cuisinez jamais la tomate ou d'autres aliments acides dans un récipient en aluminium car la sauce tomate peut dissoudre suffisamment le métal pour donner un goût métallique à la préparation. Toutefois, la muqueuse gastrique contient un acide beaucoup plus fort que les acides que contiennent les aliments, l'acide chlorhydrique, et qui résiste même au café du bureau.

Mais, dans le cas relaté ici, la réaction n'est pas qu'une simple dissolution du métal par un acide. Il se trouve que la sauce tomate ne peut attaquer une feuille d'aluminium qui couvre ce reste que si le récipient qui le contient est en métal et non en verre ni en plastique. Ainsi, sans même vous poser la question, je suis sûr que vos restes se trouvaient dans un récipient en acier inoxydable. Vrai ? (Élémentaire, mon cher Watson !).

Lorsque l'aluminium est simultanément en contact avec d'autres métaux et un conducteur électrique – comme par exemple la sauce tomate (vous saviez déjà que la sauce tomate conduit le courant, n'est-ce pas ?) – la combinaison de ces trois matériaux constitue une pile électrique; oui, vous avez bien lu... une véritable pile électrique. C'est un processus électrique (plus précisément électrolytique) et non un processus chimique qui anime la feuille d'aluminium. Bien que ce soit difficile, pour ne pas dire délicat, il serait en principe possible de faire fonctionner votre walkman avec l'énergie dégagée par la lasagne.

Voilà ce qui se passe.

Votre récipient en acier inoxydable est essentiellement constitué de fer. Les atomes de fer retiennent leurs électrons plus fermement que ne le font les atomes d'aluminium. Ainsi, si l'occasion se présente, le récipient en acier inoxydable va s'accaparer des électrons de la feuille d'aluminium. C'est la sauce qui lui en procurera l'opportunité en offrant un chemin pour conduire les électrons de l'aluminium au fer. Mais, un atome d'aluminium qui a perdu des électrons n'est plus un atome d'aluminium métallique; c'est un composé formé d'aluminium et qui est capable de se dissoudre dans la sauce (les scientifiques diront que l'aluminium a été oxydé en un composé soluble dans l'acide). Ainsi, ce que vous percevez c'est que la feuille d'aluminium a été dissoute aux seuls endroits où la sauce de vos lasagnes a rendu possible le transfert d'électrons de l'aluminium au fer.

Si la lasagne avait été placée dans un récipient non métallique, rien de tout cela ne se serait produit car ni le verre, ni le plastique n'ont le désir de s'approprier les électrons d'autres substances. Croyez-moi sur parole ou inscrivez-vous dans un cours de chimie.

Vous pouvez faire le test par vous-même. Mettez une cuillerée de sauce tomate (ou de ketchup) dans trois bols : l'un en acier inoxydable, un deuxième en plastique et un troisième en verre. Déposez une feuille d'aluminium à la surface de la sauce tomate en vous assurant que le contact est parfait entre la feuille d'aluminium et le récipient. Après un jour ou deux, vous observerez que le papier d'aluminium qui est dans le bol en acier inoxydable est rongé à tous les endroits où il touche la sauce tomate, alors que dans les deux autres bols il est resté intact.

Il y a quelques principes pratiques à dégager de cette histoire.

Avant toute chose : vous pouvez conserver vos restes de sauce tomate (mais aussi toute sauce acide à base de citron, de vin, ou de vinaigre) dans n'importe quel récipient et le couvrir avec ce que vous voulez. Toutefois, si le récipient est métallique, veillez scrupuleusement à ce que la feuille d'aluminium n'ait aucun contact avec la sauce.

En second lieu, n'hésitez pas à utiliser les barquettes aluminium vendues dans les supermarchés. Elles sont économiques, jetables, très efficaces. Même si vous les couvrez de papier aluminium, il n'y a pas de problème, puisque les deux métaux sont identiques. La corrosion électrolytique n'a lieu qu'entre deux métaux différents.

25. Chimie des parfums

☞ **Pourquoi l'extrait de vanille a-t-il une odeur aussi agréable et procure-t-il une saveur aussi exquise aux aliments, alors qu'à l'état pur son goût est épouvantable ?**

L'extrait de vanille est constitué de 35 pour cent d'alcool éthylique. Celui-ci a une saveur dure et mordante. Les whiskys et autres boissons distillées contiennent davantage d'alcool – environ 40 pour cent. Mais, ils sont produits avec amour grâce à des processus de vieillissement qui en adoucissent l'âpreté.

Pour pouvoir être étiquetée « extrait de vanille pure », la vanille doit provenir de gousses de vanille véritable. Le composé chimique qui parfume et aromatise les gousses est la vanilline. Ce produit peut être synthétisé par le chimiste. Son prix de revient est nettement inférieur à celui de la plante (en fait une orchidée) de vanille. La vanilline de synthèse sert surtout à aromatiser les produits tels les bonbons, les crèmes glacées, les biscuits, etc. La composante principale est la même que l'extrait, soit synthétique, soit naturel. Tous deux ont l'arôme de la vanilline.

Mais la composition de l'extrait de vanille naturel est beaucoup plus complexe que ne l'est la simple vanilline et cela ne vaut pas le coup d'acheter des arômes de synthèse, d'autant que l'on n'en utilise que très peu et que l'on peut la conserver des années durant. L'analyse de l'extrait de vanille naturel a révélé plus de 130 composés chimiques différents.

Dans certains cas, il vaut encore mieux utiliser une gousse entière que l'on peut acheter dans le commerce dans un petit tube à en verre ou un sachet hermétique à un prix abordable. La gousse doit être souple et non pas dure et sèche.

Le goût et l'arôme de vanille sont essentiellement concentrés dans les graines qui garnissent les gousses et plus particulièrement dans le liquide huileux qui entoure les graines. Aussi, si vous voulez obtenir un goût plus intense, fendez les gousses dans le sens de la longueur avec un couteau et raclez ensuite les graines.

Les gousses sont elles-mêmes très riches en goût et très aromatisées et il ne faut donc pas les jeter. Recouvrez-les de sucre cristallisé et conservez-les dans un bocal scellé de façon hermétique durant quelques semaines en secouant périodiquement le bocal. Le sucre s'imprégnera du parfum de la vanille et vous pourrez l'utiliser pour parfumer votre café ou vos gâteaux.

UNE CRÈME ANGLAISE INSTANTANÉE
LE SAVIEZ-VOUS ?

Voici un truc que j'ai appris par le chef Jerry Traunfeld de Herbfarm.

Très tôt dans sa carrière, lorsqu'il était chef pâtissier au restaurant étoilé de « Jeremian Tower » à San Francisco, Traunfeld était tenu de préparer quotidiennement des litres et des litres de crème anglaise, ce qui lui prenait trop de temps, alors qu'il désirait créer *ses* pâtisseries. Aussi, développa-t-il une recette pour la sauce, rapide et non risquée.

Au lieu d'ajouter des jaunes d'œufs au lait bouillant, il additionnait le lait bouillant directement et rapidement aux jaunes d'œufs légèrement réchauffés. Le lait les cuisait immédiatement et tapissait la cuillère, ce qui est le test standard pour terminer une sauce. En refroidissant, elle épaissit au réfrigérateur. Difficile à croire, tant que vous ne l'avez pas essayé. Cette sauce est merveilleuse, qu'elle soit chaude ou froide et peut être servie avec des pommes au four, un gâteau au chocolat, un pudding au pain ou des fruits étuvés.

Vous pouvez aussi substituer la vanille par une cuillerée de liqueur, Grand Marnier ou Cointreau ou en saison, lui ajouter des noisettes râpées et un peu de rhum.

ESSAYEZ PAR VOUS-MÊME

Ingrédients

- 6 beaux jaunes d'œufs à température de chambre
- 1/2 tasse de sucre
- 1/2 cuillerée à café de sel
- 2 tasses de lait entier
- 3/4 cuillerée à café d'extrait de vanille

Réchauffez un petit bol en le passant sous l'eau *chaude.* Séchez-le. Mettez les jaunes d'œufs dans ce bol. Insérez celui-ci dans un récipient rempli d'eau tiède afin d'éviter le refroidissement des jaunes d'œufs. L'usage d'un bain-marie en facilite la tâche.

Avant de continuer à réaliser la recette, écartez le bol contenant les œufs et placez le sur un linge humide pour éviter qu'il ne glisse lors de la suite de la préparation.

Dans une *casserole*, on mélange le sucre, le sel et le lait. Placez la sur feu moyen et remuez constamment jusqu'au moment où le sucre se dissout et que le lait se met à bouillir.

Dès que le lait bout et remonte dans la casserole, enlevez cette dernière du feu et versez le lait sur les jaunes d'œufs, en remuant durant 3 à 5 sec. Ajoutez tout le lait en 15 sec. à peu près. Continuez à mélanger lentement sans introduire d'air dans le mélange, durant 10 secondes. Les jaunes d'œufs continueront à cuire sans chauffage additionnel.

Mélangez-y la vanille

Versez le mélange au travers d'une passoire à fin treillis dans un récipient afin d'écarter les grumeaux et des filaments (chalazes) qui maintiennent les jaunes au centre de l'œuf. Refroidissez jusqu'au moment de servir. Le mélange épaissit en refroidissant.

26. Ça tourne au vinaigre

☞ **J'ai lu bien des choses sur les qualités du vinaigre et cela dans tous les domaines : du nettoyage de la cafetière aux soins contre l'arthrite en passant par la perte de poids. Qu'a-t-il d'aussi particulier ?**

Le vinaigre est connu depuis des milliers d'années. Personne ne peut revendiquer être le premier à l'avoir fabriqué, puisqu'il se forme lui-même. Dites-vous bien que du vinaigre se forme partout où traînent du sucre et de l'alcool.

Tous les chimistes vous diront, sans aucune hésitation, que le vinaigre est de l'acide acétique en solution aqueuse. Nous pouvons aussi définir le vin comme une solution aqueuse d'alcool. Mais le vinaigre est infiniment plus que cela ! Les vinaigres les plus connus se font à partir de raisins (vinaigre de vin rouge ou blanc), de pommes (vinaigre de cidre), d'orge maltée ou d'avoine (vinaigre de malt) ou de riz (vinaigre de riz). Tous conservent des produits chimiques rappelant leur origine et ceux-ci leur confèrent des saveurs et des arômes uniques. Mais à côté de cela, il y a des vinaigres qui ont été délibérément aromatisés à la framboise, à l'ail, à l'estragon ou avec n'importe quel ingrédient que l'on peut mettre dans une bouteille et qui y macérera durant quelques semaines.

Le vinaigre le plus pur et de haute qualité est incontestablement le vinaigre blanc distillé. Il n'est effectivement rien de plus qu'une solution aqueuse à 5 pour cent d'acide acétique. Celui-ci peut s'utiliser aussi bien pour la lessive que la cuisine. Fabriqué à partir d'alcool industriel et purifié par distillation, ce vinaigre blanc ne contient ni fruits, ni grains, ni aucun autre parfum.

Enfin, il y a le vinaigre balsamique qui est fabriqué depuis un millier d'années dans la région italienne d'Émilie-Romagne et particulièrement dans les environs de la ville de Modène dans la province de Réggio d'Émilie. Les raisins de Trévire sont écrasés en moût (le jus et la peau); ensuite on fait fermenter et vieillir l'ensemble dans une succession de tonneaux en bois durant au moins douze ans et même pour certains pendant une centaine d'années. Il en est tiré un vinaigre épais, brun, brassé avec du tartre sucré et une saveur de chêne. Il est utilisé comme condiment et en très petite quantité, et non comme on utilise d'ordinaire un vinaigre classique.

Malheureusement, personne n'a jamais réglementé la dénomination du mot « balsamique » qui figure sur l'étiquette et ce terme est dès lors galvaudé et apposé sur des bouteilles fantaisistes contenant un vinaigre sucré et couleur caramel, vendu aux touristes de passage. Donc, même si l'étiquette collée sur la bouteille annonce *Aceto Balsamico di Modena*, méfiez-vous : il n'y a aucune garantie sur le contenu. Dans le livre de Lynne Rossetto Kasper, *The Splendid Table* (William Morrow, 1992), il est écrit : « Acheter du vinaigre balsamique entraîne tous les risques de la roulette russe » (peut-être pas tous) et « le prix n'est pas un indicateur de qualité ». Voici son conseil. Si vous voulez le produit véritablement italien, réalisé en utilisant la méthode lente, traditionnelle et artisanale, cherchez sur l'étiquette les mots suivants *Aceto Balsamico Tradizionale di Modena* ou cette curieuse mention bilingue *Consortium of Producers of Aceto Balsamico Tradizionale di Réggio-Emilia*. Et munissez-vous de votre carnet de chèques.

Mais si vous trouvez une bouteille de vinaigre « balsamique » et qu'elle vous plaît, même si son prix est modeste, prenez-la et utilisez-la à votre convenance.

Voici comment se font tous les vinaigres, que ce soit spontanément dans la nature ou de façon volontaire par les hommes.

La séquence de réactions chimiques comporte deux étapes : (1) la décomposition du sucre en alcool éthylique et en dioxyde de carbone à l'état gazeux; (2) l'oxydation de l'alcool éthylique en acide acétique. La première transformation, nommée fermentation, est celle qui permet de transformer le sucre de raisin en vin et de transformer d'innombrables sucres en d'innombrables boissons alcoolisées grâce à des enzymes qui proviennent de levures et de bactéries. Lors de la seconde transformation, c'est la bactérie connue sous le nom d'*Acetobacter aceti* qui aide l'alcool à réagir avec l'oxygène de l'air pour former l'acide acétique.

Les vins peuvent aussi s'oxyder et de ce fait devenir aigres, sans *Acetobacter*, toutefois le processus est plus lent. L'étymologie du mot vinaigre est, cela ne vous étonnera pas, « vin aigre ».

Vous pouvez confectionner vous-même votre vinaigre à partir de vin ou d'une autre boisson alcoolisée en y ajoutant une faible quantité de vinaigre contenant des bactéries de vinaigre, appelée mère de vinaigre, pour initier la réaction. Si vous voulez en savoir plus sur la préparation du vinaigre et si vous comprenez l'anglais, je vous conseille de visiter le site Internet de Vinegar Conoisseurs International, www.vinegarman.com.

Les vinaigres vendus en épicerie ont un titre qui varie de 4 à 9 pour cent en acide acétique. Celui qui est le plus connu est à 5 pour cent. Il faut au moins ce pourcentage pour conserver des aliments. Cela est vraisemblablement l'usage le plus vénérable du vinaigre, puisque les bactéries ne peuvent survivre dans un milieu aussi acide.

Tant qu'on en parle, voici quelques mots sur les acides. Les gens ont tendance à penser que le mot acide est toujours synonyme de corrosif. Ils pensent certainement aux acides minéraux, tels l'acide sulfurique (qui n'est ni plus ni moins que le vitriol), ou l'acide nitrique (appelé aussi eau-forte) qui sont effectivement capables de dissoudre une Volkswagen. Toutefois, nous pourrions ingurgiter de l'acide acétique sans en être malade et pour deux raisons : premièrement, c'est un acide faible; deuxièmement, le vinaigre est une solution diluée de cet acide. Toutefois, l'acide acétique pur à 100 pour cent est tout à fait corrosif et il ne serait pas recommandable d'en renverser sur la peau et encore moins de le retrouver dans la salade... Même à 5 pour cent, le vinaigre est le deuxième acide le plus fort utilisé en cuisine, le premier étant le jus de citron.

Alors, que peut faire le vinaigre ? Et que ne fait-il pas, du moins de façon visible ? Les médecines parallèles prétendent qu'il peut guérir les maux de tête, le hoquet », éliminer les pellicules, calmer les effets d'un coup de soleil ou de piqûres d'abeilles.

Et pour citer une publicité pour un vinaigre de riz chinois que j'ai trouvée sur Internet, c'est le secret de la longévité, du calme, de la force et de l'équilibre. Les personnes qui croient en ces remèdes populaires vous affirmeront avec ardeur que la science est incapable de prouver leur inefficacité. La raison est que bien sûr les scientifiques ont mieux à faire que passer leur temps à traquer de telles chimères.

27. Évitons le mauvais œil !

☞ **Lorsque j'épluche des pommes de terre, j'ai le sentiment de flirter avec la mort et cela depuis qu'un ami m'a raconté que les pommes de terre ont des « yeux » empoisonnés et qu'il est prudent de tous les enlever. Sont-ils vraiment dangereux ?**

Pas aussi dangereux que certains amis bien intentionnés qui aiment vous raconter des histoires effrayantes ! Pourtant, il y a un brin de vérité dans ce que dit votre ami.

Lorsque les pommes de terre furent introduites en Europe, au cours de la seconde moitié du XVIe siècle, on les suspecta d'être soit vénéneuses, soit aphrodisiaques ou – idée saugrenue – les deux à la fois ! (Quelle façon de mourir !). Les Européens avaient tendance à penser la même chose pour tous les aliments exotiques en provenance du Nouveau Monde. Ce fut aussi le cas pour les tomates (dont la couleur écarlate incita les Français à les baptiser « pommes d'amour »).

Toutefois, dispensons-nous de condamner les habitants de « l'Ancien Monde ». Nous savons aujourd'hui que les tomates et les pommes de terre appartiennent à la même famille botanique que la mortelle belladone.

Je ne peux m'empêcher de signaler qu'en italien *bella dona* signifie « mon amour » ou « jolie femme ».

Mais pourquoi cette plante a-t-elle été nommée de la sorte ? Parce qu'elle contient de l'atropine, un alcaloïde qui dilate les pupilles des yeux. Selon la légende, les femmes italiennes du XVIe siècle l'utilisaient comme produit cosmétique pour simuler un état d'excitation sexuelle.

Passons au XXIe siècle et aux propos de votre ami bien intentionné. La solanine, cet alcaloïde toxique présent en faible quantité dans la pomme de terre, s'accumule durant la germination dans les « yeux ». Donc, quand les yeux commencent à germer et, en particulier quand ils commencent à verdir, il faut absolument s'en débarrasser.

Mais même à ce moment-là, la solanine ne pénètre pas en profondeur et il suffit de faire « sauter l'œil » avec un couteau économe.

Kiosque des sciences

La recherche de Tournesol. Qu'est-ce qu'un indicateur ?

La question est posée : la couleur de mon thé change lorsque j'ajoute du citron. Par contre, lorsque ma grand-mère y ajoute de l'eau de Seltz ou une eau carbonatée, ce même thé devient brun et foncé comme le cognac. Que sait-elle que j'ignore ?

Le tournesol est ce qu'on appelle **un indicateur acide-base** qui nous renseigne sur l'acidité ou la basicité des substances que vous consommez (thé, chou rouge, tomates).

L'acide tannique du thé, par exemple, est un acide faible et non un acide fort (La chimie ? C'est simple et évident !). Les molécules d'acide faible en solution dans l'eau se scindent en deux parties : **un ion hydrogène** chargé positivement et **un anion** A^- chargé négativement qui peut être soit un atome, soit un groupe d'atomes.

La partie positive est désignée par H^+, l'anion par A^- et la molécule entière par HA.

Lorsque l'ion hydrogène et l'anion sont reliés ensemble, nous les caractérisons par HA qui, lui, représente la molécule non chargée d'acide. En fait, c'est l'anion A^- de l'acide tannique qui est coloré (en passant, signalons que c'est cet acide qui donne sa couleur caractéristique au thé).

Mais quand grand-mère ajoute dans sa théière du carbonate de soude ou du bicarbonate (qui sert aussi de levure chimique dans d'autres préparations), l'ensemble se met à glouglouter et simultanément accorde aux A^- l'occasion de se lier aux Na^+ du carbonate de sodium qui sont en excès. La couleur du thé devient plus faiblarde et passe du brun au jaune.

Les tannins ont servi depuis les temps lointains comme teintures.

Très jeune encore, j'ai appris de mon grand-père, un immigrant russe, que, si sa superbe barbe blanche n'avait rien de la couleur jaune de sa moustache, c'était parce que celle-ci s'était colorée à force de boire du thé.

Mais au fait, savons-nous d'où proviennent les couleurs ? Pourquoi les tomates sont-elles rouges, les roses roses et les violettes bleues ?

Pour justifier le titre de l'article, je suis obligé de vous expliquer que le bleu de la violette et la couleur légèrement rouge des roses sont dues à une anthocyanine qui est un indicateur acide-base.

Celui-ci est rouge dans le pétale légèrement acide de la rose. Il est bleu dans le pétale de la violette parce que celui-ci est légèrement alcalin.

Quant à la couleur rouge caractéristique des tomates souvent attribuée au lycopène, elle résulte en fait de la combinaison de pigments caroténoïdes, dont le lycopène est le plus abondant. La couleur du fruit n'est pas systématiquement corrélée avec la quantité de caroténoïdes, nettement moins encore avec la quantité de lycopène. Ainsi, il n'est pas possible, en considérant la couleur de la tomate, de tirer des conclusions valables sur la quantité de lycopène. Néanmoins, les tomates sont de très bonnes sources de lycopène.

Chapitre 5

La terre, la mer et la ferme

Nous, les *Homo sapiens,* faisons partie des omnivores. Nos dents et notre système digestif sont bien adaptés pour pouvoir nous nourrir de végétaux et d'animaux. Il est indéniable que dans notre société la viande et le poisson sont la plupart du temps au centre de notre assiette et ceci malgré les défenseurs des droits des animaux !

En dépit d'un nombre quasi illimité d'espèces d'animaux qui vivent sur notre Terre, seules quelques centaines d'espèces sont couramment chassées, capturées ou pêchées pour être mangées et seule une poignée d'entre elles ont été domestiquées. Dans notre société occidentale contemporaine, la consommation est encore moins variée. Promenez-vous au rayon « boucherie » de votre supermarché; vous n'y verrez que rarement plus de quatre variétés de viande : du bœuf ou du veau, du porc, de l'agneau et de la volaille.

D'autre part, dans certains pays, aux États-Unis entre autres, plus de 500 variétés de poissons et de crustacés sont disponibles et plus du double est disponible dans le monde. La mer contient une innombrable quantité de variétés d'espèces comestibles, et pourtant nous n'en n'avons jusqu'à présent qu'effleuré la surface (les profondeurs ?). Nous n'élevons et commercialisons que quelques espèces en nombre significatif.

Notre relatif manque de choix n'est pas dû à un manque de diversité dans la nature, mais à une limitation culturelle et économique que nous nous imposons. Plusieurs d'entre nous ont déjà dégusté des « délicatesses » qui sont disponibles dans d'autres régions culturelles. Je pense aux sauterelles, aux serpents à sonnettes, aux alligators. D'autres ont déjà pu goûter du bison, de l'autruche, de l'émeu, du chevreuil, de plus en plus faciles à trouver dans le commerce.

Néanmoins, nous pourrons toujours classifier nos aliments de tous les jours en deux catégories : la viande et le poisson.

Pourquoi les cuissons des poissons et des viandes sont-elles différentes ? Vous trouverez la solution dans ce chapitre.

La terre

28. À l'eau !

☞ **Pourquoi mettre des os dans un bouillon ? Je peux comprendre que la viande et la graisse transfèrent leurs saveurs, mais les os se concassent-ils d'une façon ou d'une autre ? Ou les ajoute-t-on uniquement pour la moelle ?**

Les os sont des ingrédients essentiels pour la préparation de soupes, de bouillons, de ragoûts. Ils sont aussi indispensables que la viande, les légumes et l'assaisonnement. Leur usage peut ne pas nous paraître évident, si on ne les considère que comme des matières minérales, inertes et rigides. Oui, pour être précis, le matériau dont ils sont constitués est minéral : les phosphates de calcium. Mais ceux-ci ne se dissolvent pas et ne se décomposent pas dans l'eau chaude. Ainsi, si les os ne contenaient que ces substances-là, nous pourrions aussi bien les remplacer par des cailloux car ils ne contribueraient nullement à la saveur du bouillon.

Mais les os ne contiennent pas que des substances minérales. Ils contiennent aussi des matériaux organiques sous forme de cartilage et de collagène. Les jeunes animaux ont des os qui en réalité contiennent plus de cartilage que de matières minérales. Et le cartilage contient du collagène, une protéine qui se décompose à la cuisson en une gélatine souple qui confère cette sensation onctueuse et riche dans la bouche, lorsqu'on consomme un bouillon.

Les os les plus riches en collagène sont ceux des pattes et du tibia, ainsi que de leur articulation. Si vous désirez réellement réaliser un « plat en gelée », aussi ferme que si vous ajoutiez un gélifiant, mettez dans votre bouillon, soit un pied-de-veau, soit deux pieds de porc et laissez-les refroidir. Le « pied de cochon » est un plat régional traditionnel. Aux États-Unis, ce plat est attribué aux Français.

La partie dure des os paraît très solide, mais – oh ! surprise – elle est surtout riche en eau, en fibres nerveuses, en vaisseaux sanguins et bien d'autres choses, qui, si je vous les divulguais, vous transformeraient aussitôt en végétariens. Vous trouverez certainement dans vos livres ou encyclopédies qu'un os typique possède trois couches. Le corps interne des os longs comporte un tissu spongieux qui contient de nombreuses matières organiques savoureuses. Le cœur des os longs contient la moelle encore plus savoureuse. C'est la raison pour laquelle – et c'est important – on coupe les os avant de les mettre dans la casserole. À l'extérieur du corps de l'os se trouve une couche fortement minéralisée entourée d'une membrane conjonctive et dure appelée périoste.

Les os que nous mettons dans la marmite ne sont pas lisses. Hormis au laboratoire d'anatomie, avez-vous jamais vu un os propre, sans viande, sans graisse, moelle ou autre matière attachée à l'os ? C'est peu probable ! Toutes ces petites choses contribuent à donner du goût au bouillon. De plus, elles donnent une belle couleur marron quand on fait rôtir les os de veau avant de les mettre dans la casserole pour faire un fond de sauce.

Gardez donc tous vos os au congélateur pour le jour où vous ferez un bouillon. Ou profitez de la dernière chose gratuite ou presque en dehors des conseils : les os de chez votre boucher.

29. Le bain de minuit

☞ **Les recettes de marinades nous indiquent de laisser mariner toute la nuit, de laisser macérer toute une nuit, de laisser reposer une nuit durant. Mais quelle est la durée d'une nuit ?**

Je me rallie à votre stupéfaction ! Pourquoi « une nuit » ? Devons-nous croire que la lumière du jour dérange le procédé de macération ? Que faire, si le moment de débuter la macération est atteint alors qu'il n'est que 14 h ? Quand pouvons-nous estimer que la « nuit » a commencé ? Si on fait mariner une préparation toute la nuit, faut-il continuer la recette dès que le coq chante ? Que faire si l'on doit partir au travail le matin ? Comment arrêter une action en cours ?

Généralement, on admet que « toute la nuit » correspond à une durée de 8 heures. Mais pour la marinade, elle peut sans problème durer 12 heures. Toutefois, les recettes écrites avec soin feraient bien de nous laisser adapter notre horaire. Qu'elles précisent simplement le temps à prévoir. Nous sommes assez grands pour décider à quelle heure nous allons nous coucher.

La mer

30. La vraie viande blanche

☞ **La cuisson du poisson est plus rapide que celle de la viande ! Pourquoi cette différence ?**

Tout comme les vins, les viandes peuvent être soit rouges, soit blanches. Le bœuf est rouge, alors que les poissons et les fruits de mer sont généralement blancs. Le saumon, quant à lui, est rosé, parce qu'il mange des crustacés dont la coquille est rose. Si cela vous intéresse, les flamants roses sont roses pour une raison identique.

En cuisine, nous nous apercevons vite que la chair d'un poisson blanc cuit plus rapidement que celle d'une viande rouge. La différence ne réside pas seulement dans la couleur. En effet, la chair de poisson a une structure différente de celle des créatures qui galopent, volent ou rampent.

D'une part, faire une croisière ne peut pas se comparer à pratiquer du body-building, ni à participer à un galop dans une plaine, ni même à une épreuve aéronautique. Les poissons ne doivent pas avoir les muscles comme ceux de Schwarzenegger ou d'autres animaux très musclés. Plus le poisson est actif, comme le thon, plus il a des muscles rouges contenant plus de myoglobine et donc plus sa chair sera foncée.

Ce qui est encore plus important, c'est que les muscles du poisson sont fondamentalement différents de ceux des animaux terrestres. Afin d'échapper à leurs prédateurs, les poissons doivent accélérer de façon fulgurante. Ils n'ont pas besoin de l'endurance que d'autres animaux pour courir – ou dont ils avaient autrefois besoin avant que l'Homme les dosmestique et les force à l'inactivité.

Les muscles sont généralement constitués de faisceaux de fibres et les muscles des poissons sont surtout constitués de fibres à contraction rapide. Celles-ci sont plus courtes et plus fines que les grandes fibres lentes des muscles de la plupart des animaux terrestres. C'est pourquoi le poisson est suffisamment tendre que pour être mangé crû en sushi, tandis que le steak doit être haché en steak tartare pour le rendre vulnérable à nos molaires.

Une autre raison pour laquelle la chair de poisson est plus tendre que celle des autres animaux est que le poisson vit essentiellement dans un environnement exempt de pesanteur de sorte qu'il n'a qu'un besoin restreint de tissus conjonctifs – cartilage, tendons, ligaments – dont d'autres créatures ont besoin pour maintenir, malgré la gravité terrestre, certaines parties du corps fixées à la charpente squelettique. Le poisson est donc constitué de nombreux muscles, de très peu de nerfs et d'une colonne vertébrale minimale. Le peu de tissu conjonctif entraîne un manque relatif de collagène, cette protéine qui se transforme en gélatine durant la cuisson. C'est une des raisons pour lesquelles le poisson peut se cuire dans un environnement plus sec que la plupart des autres chairs. Une autre raison est que, ayant du sang-froid, le poisson n'a pas besoin d'une grande quantité de graisse isolante qui donnerait du jus lors de la cuisson.

Pour toutes ces raisons, la recommandation principale est de ne pas cuire le poisson trop longtemps. L'idéal est de le cuire jusqu'au moment où les protéines perdent leur translucidité et deviennent opaques, comme c'est le cas lorsqu'on cuit des œufs. Le poisson trop cuit devient dur et sec parce que les fibres musculaires se contractent, ce qui ratatine et durcit la chair. En même temps, il y a une perte d'eau qui dessèche les tissus. Il existe une règle empirique pour le temps de cuisson des poissons : 3 à 4 minutes par morceau et par centimètre d'épaisseur.

31. Le carnaval des poissons

☞ L'autre jour, j'ai acheté des bâtonnets de crabe. Ce n'était pas mal. Sur l'étiquette, on pouvait lire : confectionné au surimi. Qu'est-ce que le surimi et comment le fabrique-t-on ?

Le surimi est de la chair de poisson hachée et moulée, puis présentée en forme de bâtonnet. Il fut développé au Japon afin d'utiliser les morceaux restant dans les filets de pêche et d'exploiter les espèces de poissons moins « nobles » prises dans les filets, ce qui en fait une alternative moins coûteuse au « vrai » poisson.

Les morceaux de poisson – le plus souvent du colin et du merlu – sont d'abord hachés, lavés avec soin pour éliminer la graisse, les pigments et les saveurs, puis marinés, filtrés et séchés partiellement afin de réduire le taux d'humidité à 82 pour cent. Ils sont ensuite surgelés et stockés jusqu'à l'utilisation. Le surimi, c'est ça.

Au moment de fabriquer un produit particulier, le surimi peut être effiloché en fibres et mélangé avec des ingrédients tels que du blanc d'œuf, de l'amidon et un peu d'huile, afin de lui attribuer une structure similaire à celle des vrais crabes, crevettes ou homards. La mixture est ensuite mise sous forme de feuilles et réchauffée brièvement pour stabiliser le tout sous forme de gel. Les feuilles sont ensuite pliées et moulées en bâtonnets ou en d'autres formes, épicées et colorées, afin de mimer la réalité avant d'être congelées et expédiées.

La ferme

32. La poule aux œufs d'or

☞ **L'autre jour, j'ai cassé un œuf. À ma stupéfaction, j'y ai trouvé un jaune d'œuf piqué d'un point rouge qui ressemblait à du sang. Je l'ai jeté, ne sachant pas si l'œuf était encore bon. Pouvez-vous m'éclairer ?**

Cette tache ne signifie nullement que cet œuf était fécondé : il ne va pas éclore, quel que soit le temps que vous le couviez. Les poules qui pondent des œufs pour la distribution commerciale n'ont jamais vu un coq. Les poules pondeuses ne sont pas des reproductrices.

Les points rouges sont effectivement du sang qui provient de la rupture d'un vaisseau sanguin durant la formation de l'œuf ou qui est dû à un événement similaire dans l'oviducte. Moins d'1 pour cent des œufs pondus ont cette tache de sang.

L'inspection de routine consiste à déposer les œufs sur un rouleau et à les faire rouler face à une lumière de forte intensité. Ceci permet de déceler les qualités internes de l'œuf et d'exclure la plupart des œufs piqués. Mais certains d'entre eux échappent inévitablement au contrôle et se retrouvent au magasin. Ils sont parfaitement comestibles, mais, les lois alimentaires juives les rejettent comme n'étant pas kashers.

SCAMPI SCAMPI

Le saviez-vous ?

Les grosses crevettes scampi (en italien *scampi, scampi*) sont très populaires dans les restaurants italiens principalement dans ceux situés à l'étranger. Enrobez les crevettes dans de la chapelure. Vous pouvez faire la chapelure vous-même; je préfère toutefois utiliser des miettes de pain extra-croustillantes que l'on trouve dans les supermarchés japonais ou asiatiques, sous le nom de « panko ». Il semble qu'actuellement ces produits se retrouvent dans des supermarchés bien de chez nous.

ESSAYEZ PAR VOUS-MÊME

Ingrédients

Panure

- 1 cuillerée à soupe de beurre *doux*
- 1/4 de tasse de miettes de pain ou de panko

Crevettes

- 3 cuillerées à soupe de beurre *doux*
- 1 cuillerée à soupe d'huile d'olive vierge
- 1/2 kilo de grosses crevettes épluchées
- 4 têtes d'ail tranchées
- du gros sel
- du poivre moulu
- 1/4 de tasse de vin blanc sec
- 2 cuillerées à soupe de persil plat haché
- 2 cuillerées à soupe de jus de citron
- des zestes de citron pour garniture

PRÉPARATION DE LA PANURE

Chauffez une petite poêle à feu moyen. Ajoutez le beurre.

Lorsqu'il est chaud, mettez les miettes de pain à brunir. Retirez rapidement la poêle de la source de chaleur. Mettez la en attente.

PRÉPARATION DES CREVETTES

1. Chauffez une grande poêle à haute température (180 °C.) et ajoutez le beurre et l'huile d'olive. Lorsque le mélange grésille, ajoutez les crevettes et secouez le tout durant 1 minute.

   Ajoutez l'ail et faites sauter l'ensemble durant 1 minute, mais évitez le brunissement de l'ail. Salez et poivrez.
2. Réduisez la chaleur (50-60 °C.) et ajoutez le vin. Portez à ébullition et réduisez davantage la chaleur. Écartez la poêle du feu. Saupoudrez les crevettes de persil que vous avez laissé grésiller. Ajoutez le jus de citron et secouez le tout pour que l'ensemble soit enrobé.
3. Répartissez dans des cassolettes individuelles. Recouvrez de la panure et des zestes de citron. Servez aussitôt.

Ces portions valent pour 4 entrées ou pour 2 plats principaux.

33. À l'instar de Christophe Colomb

☞ **J'ai lu récemment qu'ajouter du sel à l'eau de cuisson avant qu'elle ne bouille prévient le craquèlement de la coquille de l'œuf. J'ai essayé trois fois et ça a marché. Quelle en est l'explication chimique ?**

Il n'y a pas d'explication chimique, pour la bonne raison que ce n'est pas vrai ! En fait, le sel de cuisine (chlorure de sodium) n'a aucun effet, ni chimique, ni physique sur la coquille qui, elle, est composée de carbonate de calcium.

Une coquille d'œuf peut se craqueler, lorsqu'une variation brusque et soudaine de température se produit entre la coquille froide et l'eau très chaude. La chaleur dilate la coquille rapidement, mais de façon aléatoire, parce que l'épaisseur de la coquille varie d'un endroit à l'autre. Cette chaleur répartie de façon inégale fracture la coquille là où elle est la plus faible. (Présentez un œuf à une source de lumière intense et vous verrez de très fines traces de fissure, alors que extérieurement il paraît tout à fait intact).

Un œuf peut aussi se craqueler si le vide d'air de l'extrémité la plus grande de l'œuf se dilate trop vite, au lieu de s'épancher doucement par la coquille. Une précaution qui s'avère bonne à prendre est de percer cette partie plus grande de l'œuf avec une épingle afin de laisser s'évacuer des bulles, lorsque l'œuf est chaud.

Pour éviter que les œufs ne se fissurent, ne les mettez pas dans l'eau chaude, placez-les plutôt dans un récipient d'eau froide et chauffez ensuite jusqu'à ce que l'ébullition de l'eau commence. Dès que vous percevez les premières bulles, baissez le feu et laissez mijoter. Les œufs seront à la coque après 1 à 2 minutes et très durs après 12 à 15 minutes.

Mais comment expliquer les résultats de votre expérience ?

Avec tout le respect que j'ai pour vous, je me dois de vous dire que trois essais ne suffisent pas pour donner un résultat scientifique. Comment savez-vous que ces œufs se seraient craquelés si vous n'aviez pas ajouté de sel ? Répétez l'expérience avec six douzaines d'œufs, une moitié cuits à l'eau salée et l'autre moitié sans sel ajouté. Notez le nombre d'œufs qui se sont craquelés et faites m'en part dans les plus brefs délais.

Attendez toutefois : il y a une certaine sagesse à saler l'eau de cuisson de l'œuf !

Voyez la question suivante…

34. Suite et fin

☞ **Différentes personnes m'ont dit qu'ajouter un peu de vinaigre dans l'eau de cuisson des œufs à la coque empêche ces derniers de se craqueler. Qu'en est-il ?**

Non, ceci n'est pas exact ! Et cela me permet de relier cette question à la précédente.

L'acide acétique du vinaigre entraînera la coagulation de la protéine du blanc d'œuf qui aurait tendance à s'écouler de la coquille déjà craquelée. Il s'agit là de la réaction classique des acides sur les protéines. Mais le sel peut avoir le même effet. Ainsi, ajouter du vinaigre, du sel ou du jus de citron (acide citrique) dans de l'eau, c'est rassurer les pessimistes qui s'attendent à voir craquer l'œuf et désirent contenir la fuite d'albumen. L'acide et le sel arrêtent la fuite, ils ne l'empêchent pas. C'est un peu comme mettre son doigt pour boucher une fuite.

Kiosque des sciences

Les œufs d'un âge avancé. Voulez-vous en savoir plus ?

L'**albumen** ou blanc d'un œuf est constitué de 88 % d'eau et de 11 % d'un mélange d'une douzaine de protéines différentes. Mais la protéine la plus abondante (54 %) est l'ovalbumine, grande molécule formée de plus de 3 000 atomes dont seulement 6 atomes de soufre. Mais oui !, cette petite quantité de soufre peut, lorsqu'elle est transformée en acide sulfhydrique H_2S, être cause de l'odeur épouvantable. Ce gaz est quasi aussi toxique que l'acide cyanhydrique HCN utilisé dans les chambres à gaz où l'on exécutait les condamnés. Heureusement, l'acide sulfhydrique est tellement malodorant que l'on peut le détecter bien avant qu'il n'ait atteint la concentration dangereuse. Il vide une salle de concert plus rapidement que ne le ferait un soprano sourd comme un pot.

Nos livres de chimie persistent à nous persuader que l'acide sulfhydrique a l'odeur familière des œufs pourris. Mais je parie que pas une seule personne sur dix mille a déjà senti un œuf pourri. Si, cependant, vous en avez eu l'occasion, vous savez ce qu'est l'acide sulfhydrique. En fait, de très petites quantités de cet acide sont responsables de tout l'arôme et la flaveur d'un œuf mollet.

Mais, comment un œuf peut-il pourrir ? Contrairement à la croyance populaire, ce n'est pas en le conservant jusqu'à parvenir à un état de fraîcheur avancée. De vieux œufs ne pourrissent pas ! Mais comme de vieux soldats, ils dépérissent ! Afin d'expérimenter ceci, j'ai gardé un œuf, hermétiquement fermé dans mon bureau, à température ambiante, pendant plusieurs mois, attendant le moment où la puanteur de l'acide sulfhydrique me ferait quitter cet endroit.

Mais, cela n'arriva pas ! Lorsque j'ai finalement cassé l'œuf, le contenu de celui-ci avait rétréci et la masse gélatineuse n'occupait plus qu'un cinquième de l'espace intérieur de la coquille.

Le reste de l'espace était rempli d'air frais, sans aucune trace d'acide sulfhydrique. L'œuf était peut-être mort, à cause de son grand âge, mais ne dégageait aucun signe de pourritures. Le pourrissement d'un œuf est pareil à celui de tout matériau organique. Celui-ci résulte donc de l'action délétère de bactéries. Il n'y avait aucune fêlure dans la coquille de mon œuf. Il en résulte que les bactéries ne pouvaient y pénétrer. Mon œuf n'était ni contaminé, ni putréfié.

Mais, même quand la coquille d'un œuf est craquelée ou poreuse et dès lors vulnérable à l'intrusion de bactéries, les œufs déploieraient des stratégies de défense.

En premier lieu, les œufs frais sont recouverts d'une enveloppe protectrice appelée « cuticule ».

Les deux membranes à l'intérieur de la coquille sont une deuxième ligne de défense. En troisième lieu, l'albumen a lui aussi des propriétés antibactériennes. Il contient entre autres. une enzyme, la lysozyme, qui combat les bactéries en dissolvant leurs parois cellulaires. (On retrouve aussi la lysozyme dans nos larmes. Celles-ci combattent l'infection de nos yeux.)

Cependant, dès que l'œuf est ouvert, le temps de la fiesta commence pour tous les micro-organismes des alentours. Une véritable descente aux enfers.

Voulez-vous une histoire de plus à propos des œufs non pourris ? Récemment, j'ai eu le privilège d'examiner un œuf dur vieux de quatre ans. Il était teinté comme un œuf de Pâques.

Marlène, ma femme, avait promis à son petit-fils de quatre ans de le garder jusqu'à ce qu'il aille à l'école. Il a huit ans à présent. Je ne connaissais rien de cette promesse, mais voyais cet œuf traîner dans le frigo depuis un bon moment. Lors d'une visite, maintenant qu'il est au collège, Oscar demanda à manger son œuf. Je ne voulais pas qu'il le mange et pourtant, cet œuf s'avéra totalement inoffensif, démontrant à nouveau que sans bactéries ou sans le contexte propice à leur croissance, l'œuf ne subit pas la putréfaction.

Nous sommes prêts à recommencer l'expérience !

Chapitre 6

Buvons un coup !

Boire est le mécanisme par lequel nous « mangeons » les liquides » par opposition aux solides et aux semi-solides. Nous mettons les aliments solides dans notre bouche, en les mordant ou, pardonnez-moi la métaphore, en les pelletant ! Les liquides, de leur côté, sont aspirés, même dans un verre. Pensez-y ! Avant d'être avalé, un aliment solide doit être mastiqué et mélangé à la salive afin de le rendre suffisamment souple pour le faire descendre vers l'estomac. Les liquides, quant à eux, descendent sans traitement préalable. Lorsqu'on évoque les boissons, on pense en premier lieu à l'eau, ce liquide universel sans lequel nous ne pourrions vivre. Les autres boissons que nous consommons contiennent à peu près toutes environ 90 pour cent d'eau. Ainsi, la contenance en eau des boissons à base de cola est de 89 pour cent. Le lait et le jus d'orange en contiennent 88 pour cent, tandis que l'eau, le café et le thé en contiennent plus de 99 pour cent. Les vins avoisinent 87 pour cent et le whisky à 40° n'en contient que 67 pour cent, à cause de la présence significative d'un autre liquide, l'alcool éthylique.

Mais, comment notre organisme peut-il assimiler tous ces liquides différents ?

À l'arrière de la bouche se situe une zone nommée pharynx d'où partent deux voies : la trachée pour respirer l'air et l'œsophage ou gosier pour boire et manger. Avaler un liquide ou un semi-solide peut être un peu risqué du fait que ceux-ci peuvent se tromper de voie et empêcher dès lors l'arrivée d'air. La Nature nous a néanmoins prémunis en dotant cette région d'une série de réflexes musculaires complexes avec des valves et des sphincters qui s'ouvrent et se ferment afin que les aliments et les liquides soient propulsés de l'œsophage jusqu'à l'estomac et non vers la trachée qui mène à la cavité nasale (à l'exception cependant des enfants qui éclatent de rire pendant qu'ils boivent du lait).

35. Un nuage de thé

☞ **Lorsque je prépare du thé chaud, il est clair et translucide, mais lorsqu'il refroidit, il devient trouble. Par quoi cela est-il provoqué et comment puis-je l'éviter ?**

Les feuilles de thé contiennent des tannins, un tas de produits chimiques qui donnent du corps au thé et une bonne partie de son goût, en particulier son effet astringent. Ces tannins se dissolvent dans l'eau pour former une solution claire tant que l'eau n'est ni trop froide, ni légèrement alcaline ou basique[1]. Votre thé se trouble lorsque certains tannins présents dans le thé chaud précipitent sous forme de particules solides lorsque le thé refroidit. Le trouble apparaît aussi lorsque certains tannins réagissent avec la caféine du thé.

Les tannins se retrouvent dans une certaine mesure dans la plupart des espèces végétales, mais ils sont particulièrement abondants dans les pustules de la galle du chêne (des excroissances sur l'écorce), dans certaines écorces, bois, racines et coques de noix.

Tous les tannins sont solubles dans l'eau. Toutefois leur solubilité dans l'eau dépend de la température de celle-ci, de son acidité ou de son alcalinité. Si l'on utilise de l'eau très chaude pour faire un thé fort (habituellement la première étape pour préparer du thé glacé), celle-ci extrait la plupart des tannins des feuilles de thé. Lorsque le thé est ensuite refroidi par l'ajout de glaçons, tous ces tannins ne peuvent pas rester dissous et il se forme une suspension de particules solides qui trouble le liquide.

Les tannins sont plus solubles dans les solutions acides. Ainsi, lorsqu'on ajoute au thé un acide tel qu'un jus de citron, toutes les particules solides se dissolvent et le « nuage » s'éclaircit.

---

1. En chimie, on appelle « base » et « acide » des produits réagissant entre eux pour donner des sels. Mais, comme le mot base est un mot qui a plusieurs significations, j'utilise ici les mots *alcalins* et *alcalis* au lieu de base et basique. À strictement parler, le mot « alcali » est réservé aux bases très fortes comme l'hydroxyde de sodium et l'hydroxyde de potassium.

D'autre part, lorsque le thé est infusé dans de l'eau dure – c'est-à-dire de l'eau qui contient des sels de calcium ou de magnésium dissous – ceux-ci réagissent avec les tannins pour former des composés chimiques complexes et relativement insolubles qui flottent à la surface.

Si votre eau est dure, essayez d'ajouter un jus de citron. Une autre solution est de changer de thé, car certains thés, notamment les thés Assam et Darjeeling, sont plus riches en tannins et plus enclins à la formation de nuage que par exemple le thé de Ceylan.

36. Demain j'arrête !

☞ **Je suis un buveur de thé, mais j'essaie de diminuer ma consommation de caféine. Que se passerait-il si j'utilisais des tasses plus petites ? En fait, que se passe-t-il si je mets un sachet de thé dans une petite tasse et un autre sachet identique dans une grande tasse, toutes deux remplies d'eau bouillante et que je laisse infuser le thé durant cinq minutes ? La tasse la plus petite contiendrait-elle moins de caféine ?**

Idée intéressante.

La caféine est très soluble dans l'eau, à peu près 150 g de caféine peuvent se dissoudre dans une tasse d'eau bouillante. Mais, chaque sachet de thé en contient beaucoup moins, typiquement moins d'un millième de cela.

Pratiquement toute la caféine est extraite dans la première minute d'infusion et cela quelle que soit la contenance de la tasse.

Vous pouvez dès lors choisir une grande ou une petite tasse; la quantité de caféine sera la même. Le thé contenu dans la grande tasse pourra faire office de « long drink ».

37. À votre santé !

☞ **Parlons alcool ! Je sais qu'il existe de l'alcool éthylique, de l'alcool méthylique, de l'alcool à 90°. Sont-ils tous pareils ? Sont-ils comestibles ?**

Non ! Même s'ils appartiennent à la même famille chimique, il y a des différences notables et cruciales entre eux. En être conscient peut être une question de vie ou de mort.

Les alcools sont une grande famille de composés chimiques organiques (qui contiennent du carbone) qui ont deux caractéristiques en commun : leurs molécules contiennent toutes un ou plusieurs groupes hydroxyles (–OH); ils réagissent avec des acides organiques pour former des composés appelés esters.

Les scientifiques classifient tout (des animaux aux produits chimiques), selon les caractéristiques semblables et qui peuvent être d'un intérêt pratique ou au contraire franchement trompeuses pour les non-scientifiques.

Ainsi, ne vous faites pas de souci si l'aubergine (*Solanum melogena*) et la pomme de terre (*Solanum tuberosum*) appartiennent à la même famille botanique que la mortelle belladone (*Solanum dulcamara*); ou si le homard et le cloporte appartiennent tous deux à la famille des crustacés. Mais n'avons-nous pas tous des proches un peu étranges ?

De même, la famille des alcools regroupe l'alcool méthylique ou méthanol (ou alcool de bois), CH_3OH, hautement toxique, l'isopropanol $(CH_3)_2CHOH$ qui est un peu moins toxique, l'alcool éthylique C_2H_5OH, qui est moins toxique mais puissant, appelé aussi éthanol ou alcool de grain, présent dans la bière, les vins, les spiritueux. Sans parler des alcools que l'on ne considère jamais comme tels comme le cholestérol et le glycérol (ou glycérine). Comme vous pouvez le constater, le nom de tous les alcools se termine par le suffixe –ol. Mais, ne vous laissez pas berner, les composés chimiques ne sont jamais inoffensifs. La mort est pire que l'ivresse.

38. Trop de bière mit Pierre en bière

☞ **L'étiquette de ma bouteille de bière assure que celle-ci est faite avec « le meilleur houblon ». Qu'est-ce que le houblon ?**

Le houblon est l'ensemble des inflorescences d'une plante que les botanistes nomment *Humulus lupulus*. Il s'agit d'une grande plante grimpante de la famille des chanvres. Ses fleurs communiquent une légère amertume à la bière, équilibrant ainsi la douceur du malt. Elles contribuent à la saveur herbeuse et à un arôme plaisant qui dépend du moment où elles sont ajoutées au moût (le mélange de graines en fermentation).

*Fleur de la plante du houblon (*Humulus lupulus*).*
Le houblon est un ingrédient essentiel de la bière.

En Belgique, au début du printemps, on déguste les jeunes pousses de houblon servies avec des asperges.

La plante de houblon a une particularité intéressante : elle porte des fleurs mâles et des fleurs femelles. Depuis un millier d'années, on utilise la résine des fleurs femelles matures pour aromatiser le brassage de la bière et des toniques. Les fleurs femelles peuvent incidemment et fortuitement se trouver dans un environnement sans fleurs mâles. Elles ne s'en portent pas plus mal, mais ne produiront pas de graines et ne se reproduiront pas. La plupart des brasseurs préfèrent le houblon sans graines, c'est pourquoi les plantes mâles ne sont pas cultivées.

On a attribué aux houblons femelles pratiquement toutes les qualités, des pouvoirs sédatifs aux pouvoirs diurétiques et aphrodisiaques. L'histoire relate l'addition de houblon femelle aux élixirs et autres concoctions quasiment à tout propos. Le goût amer du houblon n'est probablement pas étranger à cette croyance universelle selon laquelle un bon médicament a mauvais goût.

Les propriétés sédatives du houblon réputées de longue date ont-elles quelques liens possibles avec l'indolence de certains buveurs de bière ? Personne ne le sait avec certitude. Un gallon (ou 3,7 l) de bière est obtenu à partir de 57 g de houblon. Mais il peut contenir 4 à 5 fois plus d'alcool, un sédatif bien connu. Nous ne connaîtrons jamais le rôle soporifique du houblon tant que quelqu'un n'aura pas réalisé les expériences avec de la bière alcoolisée et non alcoolisée, contenant une quantité identique de houblon.

Le houblon est l'ingrédient essentiel de la bière et non seulement pour l'arôme et l'amertume. Il a aussi des propriétés antibiotiques qui aident à préserver la bière. De plus, il clarifie la bière en précipitant les protéines dans le moût. Parmi les 150 produits chimiques qui ont été identifiés dans leurs huiles essentielles, il y a des composés chimiques (terpènes) appelés isohumulones qui sont sensibles à la lumière. Lorsqu'ils sont mis en contact avec la lumière visible ou ultraviolette, il se forme des radicaux libres qui réagissent avec le soufre des protéines de la bière et produisent des produits malodorants, les thiols, que le goût et l'odorat humains sont capables de détecter, même à des niveaux d'intensité extrêmement faibles (quelques parts par milliard). Ils sont chimiquement semblables aux composés du thiol émis par les glandes des mouffettes qui leur vaut une mauvaise réputation.

Pâte à pain à la bière

Ainsi vous pensez que la bière ne sert qu'à boire ? Repensez-y. Le pain à la bière fait d'excellents toasts et de merveilleux sandwichs au fromage. Le goût dépend de la bière que vous utilisez. J'ai testé la recette avec une bière brune produite près de chez moi à Pittsburgh mais vous pouvez utiliser la bière qu'il vous plaira. Le pain est meilleur le jour même.

Ingrédients pour un pain

- 3 tasses de farine avec levain
- 3 cuillerées à soupe de sucre
- une bouteille de bière brune de 33 centilitres

Préchauffez le four à 180 °C et placez la grille en bas. Graissez un moule.

Mélangez soigneusement le sucre et la farine dans un saladier. Ajoutez progressivement la bière en travaillant la pâte avec une spatule jusqu'à faire disparaître tous les grumeaux. (Ne battez pas trop la pâte, cela durcirait le pain.) La pâte sera collante. Mettez la pâte dans le moule en comblant tous les recoins.

Faites cuire pendant 50 à 60 minutes ou jusqu'à ce qu'un couteau planté dans le pain en ressorte sec. Le haut du pain aura l'aspect d'un pavé.

Sortez le pain du moule et laissez le refroidir sur une grille pendant au moins une heure. Tranchez-le avec un couteau bien aiguisé. La croûte sera croustillante et l'intérieur sera mœlleux.

De la bière exposée à la lumière durant 20 minutes à peine peut développer un goût qui n'est pas sans rappeler l'odeur de la mouffette. Voilà pourquoi on embouteille les bières dans des canettes ou dans des bouteilles brunes qui empêchent la lumière de pénétrer. Pour être tranquille, je vous recommande de ne pas laisser traîner la bière dans un verre. Buvez la aussitôt !

Kiosque des sciences

Regardez ma peau. Elle est tannée !

Les mots **tannin** et **acide tannique** sont souvent utilisés de façon interchangeable, mais pas par les chimistes, ni par d'autres personnes méticuleuses.

L'acide tannique est un composé chimique spécifique de poids moléculaire élevé nommé aussi acide gallotannique ou penta-m-digalloyl-glucose (dénomination chimique officielle) et dont la formule brute est $C_{76}H_{52}O_{46}$.

D'autre part, le mot **tannin** fait référence à toute une classe de composés chimiques, issus du règne végétal, à laquelle appartient l'acide tannique. Ils portent le nom générique de tannins, non pas parce qu'il y a une similarité chimique (bien qu'ils soient connus comme polyphénols), mais du fait qu'ils ont été utilisés depuis les temps préhistoriques pour tanner les peaux : par transformation de la peau animale en cuir, ce dernier devient plus durable et résistant à la chaleur, à l'eau, aux bactéries et aux champignons.

Les tannins polyphénoliques peuvent transformer en cuir les dépouilles animales en réagissant avec des protéines de la peau. Il se forme des substances insolubles et adhésives semblables à celles qui relient entre elles les fibres de protéines, ce qui rend ces dernières plus étanches. Sous cette forme solide et sèche, la peau devient plus ferme et plus durable que sous sa forme sauvage initiale.

Tanner sa propre peau donne un résultat tout à fait différent. Tremper son corps dans du thé ou dans un extrait de galle de chêne n'est pas du tout recommandable, mais l'exposer au soleil amènera votre peau à produire un pigment foncé : la mélanine.

Les lotions appelées autobronzantes (elles ne se brunissent pas elles-mêmes, mais vous bronzeront) contiennent généralement de la dihydroxyacetone ou DHA. Il s'agit d'un composé incolore qui réagit avec les acides aminés des cellules superficielles de l'épiderme (**le stratum corneum**) afin de produire un produit de réaction de couleur foncée.

Chapitre 7

L'homme récolte ce qu'il a semé...

39. Une palette de couleurs

☞ **Les échoppes de nos marchés foisonnent de fruits et de légumes aux couleurs vives : vert, rouge, jaune, orange. Si ce n'est pas trop compliqué, pourriez-vous me dire quels sont les produits chimiques qui leur donnent ces couleurs et à quoi servent-ils ?**

L'éventail de couleurs éclatantes des fruits et légumes – le rouge des tomates, des pastèques, des fraises et des betteraves rouges; la couleur orange des carottes, des courges, des patates douces, des abricots, des mangues; le jaune des citrons et des bananes; le bleu pourpre des raisins, des prunes, des choux, ainsi que le vert des haricots et des salades – est dû à une variété de composés phytochimiques que l'on classe en trois catégories principales : les chlorophylles, les caroténoïdes et les flavonoïdes qui incluent les anthocyanines et les anthoxantines.

Un composé *phytochimique* (du grec *phyton*, qui signifie plante) est un composé chimique produit par les plantes. Mais les nutritionnistes se sont récemment approprié le terme « phytochimique » pour désigner tout produit chimique d'origine végétale – autre que les protéines alimentaires, les glucides, les graisses, les minéraux, les vitamines – qui sont considérés comme « bon pour nous ». Ceci inclut de nombreux pigments rouges, orange, jaunes, verts et bleus, reconnus comme « bénéfiques pour la santé ». Mais la nicotine, la cocaïne sont aussi des composés phytochimiques, non ?

Inutile de présenter la chlorophylle. C'est un composé vert dont chaque molécule contient un atome de magnésium. Toutefois, la chlorophylle nous a appris quelque chose : il n'est pas facile de garder la couleur verte. Lorsque les molécules de chlorophylle sont dénaturées (reconfigurées) par l'action de la chaleur, elles libèrent leur atome de magnésium et se modifient en phéophytine et pyrophéophytine qui donne cette horrible couleur gris-vert aux légumes verts trop cuits.

La couleur des *caroténoïdes* varie du jaune au rouge en passant par l'orange. Notre corps convertit le bêta-carotène orange en vitamine A. Les caroténoïdes embellissent tout, de la carotte au blé, aux courges, aux pêches, aux citrons, au paprika, au safran, aux tomates et aux pamplemousses roses. Les trois derniers de cette liste et plus spécialement les tomates contiennent le lycopène, un caroténoïde soluble dans la graisse et qui pourrait prévenir le cancer de la prostate.

Les *anthocyanines* sont des pigments solubles dans l'eau. On les retrouve dans le raisin, les baies, les prunes, les aubergines, les choux, les cerises et les feuilles d'automne. Dans un environnement alcalin, elles sont pourpres ou bleues, mais virent au rouge en milieu acide.

On peut considérer, malgré quelques exceptions, que les caroténoïdes sont à l'origine des couleurs jaune, orange ou rouge vif des légumes et que les anthocyanines sont à l'origine des couleurs bleu et rouge sombre.

Les *bétalaïnes*, des colorants moins courants solubles dans l'eau, donnent leur couleur rouge intense aux betteraves. Quand on coupe les betteraves avant de les faire cuire, leur couleur se dissout dans l'eau. Mais, si on les cuit entières sans les éplucher, elles gardent bien leur couleur rouge.

Pourquoi Dame Nature a-t-elle donné des couleurs vives à tous ces légumes et ces fruits ? Ce n'est pas seulement pour les peintres de « natures mortes ». Ces couleurs vives des plantes attirent les animaux qui les mangent, pour le plus grand bénéfice de tout le monde. Les animaux profitent des propriétés antioxydantes et saines de ces colorants naturels, alors que les plantes, elles, bénéficient de la présence des animaux qui pollinisent les fleurs et en répandent les graines.

40. Les verts aux multiples nuances

☞ **Pourquoi les légumes verts prennent-ils une couleur terne lorsque je les cuis ?**

La couleur verte des légumes et des algues est due à la présence de cette molécule miraculeuse que l'on appelle chlorophylle. Elle absorbe l'énergie solaire et l'utilise pour transformer le dioxyde de carbone (CO_2) et l'eau (H_2O) en glucose et en oxygène gazeux. Les plantes peuvent utiliser le glucose directement en en tirant l'énergie nécessaire à leur croissance ou sous forme de polymères (obtenus en joignant les unes aux autres des milliers de molécules de glucose) afin de former l'amidon qui sera utilisé plus tard. Et comme les animaux puisent leur vitalité en se nourrissant de sucre et d'amidon d'origine végétale, on peut considérer que la chlorophylle est la source de la plupart de la vie sur Terre.

Mais la chlorophylle peut désarçonner les humains, la seule espèce vivante qui cuit les plantes comestibles afin de les attendrir. En effet, lorsque nous cuisons les légumes, leur couleur verte peut se transformer en une teinte kaki, triste et peu appétissante. Que se passe-t-il donc ? La chlorophylle se transforme en composés chimiques nommés phéophytine.

Une molécule de chlorophylle est constituée de carbone, d'hydrogène, d'oxygène et d'azote liés les uns aux autres et que l'on nomme *porphyrine*. Cet édifice moléculaire abrite un atome de magnésium en son centre. Mais le terme chlorophylle ne représente pas qu'un seul composé chimique. Il en existe deux types principaux, qui ont encore une fois avec beaucoup de poésie été baptisés chlorophylle « a » et chlorophylle « b ». La chlorophylle « a » est vert-bleu, tandis que la chlorophylle « b » est vert de gris. Les proportions relatives de chlorophylle « a » et « b » (en général deux ou trois « a » pour une « b ») déterminent les nuances exactes de vert des différentes plantes.

Ainsi, lorsque nous faisons cuire des petits pois, des choux de Bruxelles, des brocolis ou des épinards, la chaleur modifie la forme des molécules de chlorophylle (elles s'isomérisent). Si le végétal vert est légèrement acide, comme le sont la plupart des végétaux, le magnésium est évincé de la molécule et remplacé par deux hydrogènes de l'acide. Cela transforme la chlorophylle en phéophytine. La chlorophylle « a » devient une phéophytine gris-vert et la chlorophylle « b » passe au vert olive. Et comme la chlorophylle « a » prévaut généralement et réagit plus rapidement que la chlorophylle « b », la couleur que l'on obtient est gris-vert.

La présence d'acide initie elle aussi les réactions de conversion des chlorophylles. Aussi, certaines personnes ont eu l'idée d'ajouter une pincée de bicarbonate de soude à l'eau de cuisson afin de la rendre alcaline. Toutefois, les glucides sont attaqués par les alcalins (nommés aussi les bases). Les cellules des végétaux se cimentent les unes aux autres et leur goût devient savonneux. Une autre curiosité chimique va de pair avec la cuisson des légumes verts : les sels de sodium, de magnésium et de calcium inhibent la réaction de conversion des chlorophylles en rendant vraisemblablement plus difficile le passage d'hydrogène au travers des membranes cellulaires, empêchant le départ de magnésium. Donc, l'eau salée (contenant du chlorure de sodium) et l'eau dure (contenant des sels de magnésium et de calcium) aident à garder la belle couleur verte des légumes.

Le message pratique de tout ceci est que plus la cuisson de vos légumes verts est rapide, moins vous transformerez la chlorophylle en phéophytine de couleur douteuse. Une étude a montré que 17,5 pour cent de chlorophylle d'un brocoli étaient perdus lors d'une cuisson de 5 minutes et 41,1 pour cent lors d'une cuisson de dix minutes.

41. La guerre aux germes

☞ Quelle est la meilleure méthode pour laver les fruits et les légumes et se débarrasser des germes, des insecticides et des pesticides ?

N'y voyez rien de personnel, mais notre société n'est-elle pas devenue un peu paranoïaque ?

Les supermarchés répondent de nos peurs (ou les encouragent-ils ?) en exposant en rayons des douzaines de savons, sprays, lotions, gels douche, lingettes déodorantes et eaux de bouche antibactériens. Les publicités télévisées sèment la peur dans nos cœurs en suggérant qu'il puisse y avoir un germe ou deux tapis dans nos cuvettes de toilette (Tiens ! Où donc se logent ces pauvres petits germes ?) N'est-ce pas de l'« hystérie bactérienne » ?

Qu'est-ce que tout cela a à voir avec la nourriture ? Une recherche à travers tout le courrier auquel je n'ai pas encore eu le temps de répondre (pardonnez-moi, je fais de mon mieux) a recensé 130 messages contenant les termes *germe* et *bactérie* et 195 contenant une forme du mot *danger* en lien avec la contamination des aliments. On dirait qu'il y a aujourd'hui plus de gens qui ont peur de leur nourriture que de gens qui l'apprécient. Sommes-nous en train de devenir verminophobes, mysophobes, toxiphobes er sitophobes ? (Voyez les définitions un peu plus loin.)

N'étant ni microbiologiste, ni nutritionniste, ni médecin, j'évite, la plupart du temps, d'écrire à propos des questions sur la santé. Je voudrais néanmoins faire quelques considérations à propos de certains éléments pathogènes et des toxines présents dans ou sur nos aliments et en particulier sur les fruits et les légumes. Après tout, ils ont été inévitablement au contact de microorganismes cachés dans le sol. De plus, il est fort possible qu'ils aient été soumis à des composés chimiques agroalimentaires tels les désherbants, les insecticides, sans mentionner le fumier et d'autres fertilisants naturels utilisés pour augmenter les apports organiques.

Le marché nous propose une quantité de produits différents destinés à laver les laitues, les oignons, les tomates, les pommes et bien d'autres végétaux, dans le but présumé d'éliminer les produits toxiques et les bactéries. Parmi les ingrédients courants, citons l'eau, l'acide oléique, le glycérol, l'alcool éthylique, l'huile de pamplemousse, l'hydroxyde de potassium, le bicarbonate de soude et l'acide citrique.

Pourquoi utiliser ces ingrédients particuliers ? Le glycérol, l'alcool et l'acide oléique sont censés dissoudre et supprimer certains produits chimiques comme les pesticides qui sont insolubles dans l'eau. L'hydroxyde de potassium attaque les cires utilisées comme emballage des fruits. Quoi qu'il en soit, ces produits sont considérés par les autorités alimentaires des États-Unis (FDA) comme inoffensifs pour les fruits tels que les concombres. Autant que je sache, l'acide citrique et le bicarbonate de soude réagissent entre eux en dégageant du gaz carbonique, ce qui donne à l'utilisateur l'impression que le produit réagit ! Malgré la mise sur le marché de ces produits, plusieurs experts affirment qu'un lavage vigoureux à l'eau courante reste le meilleur moyen à utiliser. L'eau courante lavera les particules du sol, là où les bactéries nuisibles sont susceptibles de se cacher.

L'eau ne les tuera pas. Les produits proposés à la vente pour les éliminer ne les tueront pas non plus mais laisseront sur les fruits et les légumes des résidus toxiques pour les humains. Les firmes distributrices qui affirmeraient que leurs produits de lavage tuent réellement les microorganismes devraient être obligées de les faire tester pour la sécurité humaine. Les produits fallacieux seraient alors enregistrés comme pesticides ! (Quelle ironie !) Ainsi, ces produits vendus sont uniquement des produits nettoyants et pas des désinfectants. Leur principal atout est de « laver » nos porte-monnaie !

Pour les fruits à peler, tels les pommes, les tomates, les poires, les pêches, les concombres, les citrons, les oranges, il suffira donc de leur appliquer quelques gouttes de détergent vaisselle, de brosser vigoureusement et de rincer à fond afin d'écarter les contaminants. C'est une très bonne méthode pour les oranges et les citrons dont on prévoit d'utiliser les zestes ou la peau dans une recette.

Une des meilleures stratégies contre les bactéries, que j'ai employée quand je vivais en Amérique du Sud, consiste à laver le produit avec une solution diluée d'eau de Javel, de l'hypochlorite de sodium. Comme l'eau du robinet elle-même était suspecte, je laissais la solution reposer plusieurs heures avant de l'utiliser sur la nourriture, une précaution superflue dans nos pays occidentaux.

Un autre traitement antibactérien a été élaboré en 1996 par des nutritionnistes de l'université de Nebraska. Il consiste à vaporiser le produit avec de l'eau oxygénée à 3 pour cent (vendue dans les drogueries comme désinfectant) puis avec du vinaigre blanc ou vice versa. Les deux liquides se mélangent et réagissent ensemble en rejetant de l'oxygène gazeux qui tue les germes. L'eau oxygénée résiduelle se décompose rapidement (s'il en reste, elle n'aura aucun goût) et le vinaigre restant sera le début de notre vinaigrette.

Comme nous traitons le sujet, abordons au passage le problème des « sprays » vendus en supermarché et qui peuvent « désinfecter » toute votre cuisine et votre salle de bain, mais qui ne sont pas prévus pour finir sur vos aliments. Ils contiennent un accélérateur (catalyseur) de décomposition d'esters et d'amides, principaux composants des organismes vivants, du microbe à la personne humaine. À dose élevée, ces produits nous tuent, mais les désinfectants à vaporiser n'ont qu'une concentration de 0,2 pour cent. Néanmoins, n'utilisez pas ces produits pour nettoyer vos planches à découper, ni aucun objet qui pourrait être mis en contact avec les aliments.

Ah oui, les définitions ! Une personne verminophobe a une peur excessive des germes et des microbes. Une personne mysophobe a une peur excessive de la saleté ou de la contamination. Une personne toxiphobe a peur d'être empoisonnée. Enfin, une personne sitophobe a peur de s'alimenter, probablement parce qu'elle est déjà toxiphobe ou mysophobe.

Pour avoir une liste reprenant les autres « phobies », consultez l'Internet à l'adresse www.phobialist.com

42. Rhubarbe ou Rue Barbe ?

☞ **Un ami biologiste m'a mis en garde : la rhubarbe est un poison ! J'en mange pourtant beaucoup lors de la saison, que ce soit en compote ou en tarte et je n'ai jamais eu de problèmes. Qui a raison ?**

Tous les deux !

Toutes les parties de la plante de rhubarbe (*Rheum rhaponticum*) contiennent différentes quantités d'acide oxalique et de ses sels, les oxalates, dans une proportion variant de 0,1 à 1,4 pour cent. Ce sont ces produits qui nous font faire la grimace et froncer les sourcils. Toutefois, on peut atténuer cette sensation en mettant du sucre dans la compote ou sur la tarte. Oui, l'acide oxalique et les oxalates sont effectivement des poisons.

Durant la guerre 14-18, lorsque la disette sévissait dans les pays de l'Europe Occidentale (Angleterre, Belgique, France), on a pu relever dans la population plusieurs cas d'empoisonnement à l'acide oxalique.

Le coulis de rhubarbe

Quoi qu'en pense le commun des mortels, la rhubarbe n'est pas un fruit. La confusion provient du fait que l'on en fait des tartes et des confitures. La rhubarbe arrive en début de saison et on la mélange fréquemment avec des fraises dans les tartes et autres desserts. Son acidité en fait une bonne sauce d'accompagnement des desserts sucrés. Choisissez de préférence les bâtons de rhubarbe roses les plus foncés.

Ingrédients pour deux coupes

- 500 grammes de rhubarbe (environ 6 bâtons)
- 1 tasse de sucre
- 6 centilitres d'eau

1. Coupez la rhubarbe en morceaux d'environ 1,5 cm.
2. Mettez la rhubarbe, le sucre et l'eau dans une poêle, et cuisez le tout à petit feu. Laissez frémir pendant une vingtaine de minutes ou jusqu'à obtenir une texture tendre et juteuse.
3. Laissez le mélange refroidir puis passez-le au mixer. Lorsque la rhubarbe est réduite en purée, mettez-la au réfrigérateur. Votre coulis se conserve pendant environ une semaine.

Ceci était dû à la consommation de feuilles de rhubarbe qui sont la partie de la plante où la concentration en acide oxalique est la plus forte. Alors qu'il est indéniable que l'acide oxalique est un poison, il persiste une incertitude : l'acide oxalique est-il le seul poison à mettre en cause dans l'empoisonnement des mangeurs de rhubarbe.

La notion de « poison » est relative et dépend aussi de la quantité de produit. Les choux, les pommes de terre, les pois, les têtes de betterave contiennent tous de petites quantités d'acide oxalique et bien que la quantité d'oxalate dans les bâtons de rhubarbe soit élevée, ceux-ci sont pourtant considérés comme inoffensifs. Il faudrait consommer environ 5 kg de feuilles de rhubarbe pour atteindre le LD50, c'est-à-dire la dose létale (dose toxique qui entraîne la mort) pour 50 pour cent des humains. Aussi, continuez à consommer des bâtons de rhubarbe. Et merci ! Plus vous en mangez, moins il m'en restera. Je déteste la rhubarbe.

43. Sacré Popeye !

☞ J'ai souvent lu que certains fruits et légumes contiennent certains minéraux : du fer, du potassium, du magnésium… Puisqu'un grand nombre de ces fruits et légumes peuvent pousser presque partout, cela veut dire vraisemblablement que tous les sols, y compris mon jardin, doivent posséder au minimum des traces de ces minéraux. Est-ce vrai ? Que se passerait-il donc si je semais des épinards, dits riches en fer, dans un sol qui ne contient pas de fer ? Est-ce qu'ils refuseraient de pousser ou pousseraient-ils, tout en étant déficients en fer ? N'y aurait-il pas contradiction avec ce qu'indiquent les tables de nutrition ?

Tout d'abord et avant toute chose vérifiez les tables de nutrition actuelles. Vous serez surpris de voir que l'épinard n'est pas l'aliment le plus riche en fer. Il en contient moins qu'un poids équivalent de palourdes ou d'un bol de céréales et à peu près autant de cassoulet (sans compter la boîte).

Mais voici comment est née la rumeur, qui a la vie longue, de l'exceptionnelle concentration de fer dans les épinards.

Vers la fin du XIXe siècle, des scientifiques allemands découvrent que la teneur en fer de l'épinard est comparable à celle de la viande, soit 3 mg par 100 g ou 30 parts par million.

Mais, lors de la rédaction du rapport de recherche, quelqu'un fit une faute de frappe et modifia la place de la virgule, ce qui eut comme effet de multiplier par 10 la teneur réelle en fer des épinards. L'erreur ne fut corrigée que 40 ans plus tard, bien après que Popeye ait adopté l'épinard comme aliment fortifiant ! Après tout, le fer est solide, n'est-ce pas ? Ah ! si Pluto avait su que tout cela n'était que du bluff.

L'ironie ultime de cette méprise est que, quelle que soit la dose de fer contenu dans les épinards, celle-ci n'est pas facilement assimilable par le corps humain. En effet, les épinards contiennent aussi une faible quantité d'acide oxalique (1 pour cent), qui capte le fer et forme ainsi un composé insoluble, l'oxalate ferreux. Seule une petite fraction de la modeste quantité de fer contenu dans les épinards entre donc dans notre métabolisme.

Que se passerait-il si vous aviez planté des épinards dans un jardin dont le sol est totalement dépourvu en fer ? C'est très peu probable, puisque les plantes n'utilisent le fer que sous forme de traces et que le fer est largement répandu puisqu'il constitue 5 pour cent de la croûte terrestre. Réfléchissons à l'hypothèse selon laquelle l'épinard grandirait dans un environnement dénué de fer : ces épinards auraient les symptômes d'un déficit nutritionnel tout comme les humains dans pareil cas. Les feuilles seraient dès lors de couleur jaunâtre au lieu d'être vertes et cela simplement parce que les plantes ont besoin de fer pour synthétiser la chlorophylle.

Kiosque des sciences

Le déjeuner des plantes

Les plantes sont généralement constituées de composés contenant du carbone, de l'hydrogène, de l'oxygène.

Ces composés sont nommés ***composés organiques*** *par les chimistes, terme qui n'a toutefois, dans le cas présent, aucune relation avec les organes, les tissus vivants ou les êtres organisés. Par contre, les composés présents dans le règne minéral, dénommés* ***minéraux****, sont des nutriments essentiels – au* nombre de dix-sept – pour les plantes. Ceux-ci doivent se retrouver tous dans les terrains agricoles, soit de façon inhérente, soit sous forme d'un apport extérieur d'engrais.

Six des dix-sept éléments sont dénommés **macronutriments** : potassium, azote, phosphore, soufre, magnésium et calcium.

Ils sont indispensables en grandes quantités pour la croissance des plantes, Si l'un d'eux venait à manquer, la plante ne grandirait pas ou présenterait des anomalies de croissance. Les onze autres éléments – fer, magnésium, zinc, cuivre molybdène, cobalt, nickel, sodium, bore, chlore et silicium sont dénommés **micronutriments**, puisque les plantes ne les utiliseront qu'à l'état de traces.

Ces nutriments se répartissent différemment à la surface du Globe. Cela pourrait être une des causes de la disparité ou de la dissimilitude des récoltes.

Lorsqu'on déclare qu'un élément est absorbé ou utilisé par une plante donnée, cela ne signifie nullement que celui-ci se retrouve sous forme élémentaire, c'est-à-dire non combiné à d'autres éléments.

Le fer, par exemple, ne se retrouve pas sous forme métallique, mais bien comme un composé de fer et d'autres éléments, notamment l'oxygène. Dans ce cas, on parle d'une forme oxydée de fer.

Néanmoins et de façon assez surprenante, vous verrez que parmi les ingrédients des céréales de votre petit-déjeuner, figurent les termes « fer réduit ». Cela indique la présence de très petites particules métalliques de fer (la **réduction** est l'opposé chimique de l'oxydation). Vous ne serez nullement obligé de les écarter, car ces particules finement divisées se dissolvent immédiatement dans l'acide chlorhydrique de votre estomac.

Chapitre 8

Le chaud et le froid

Jetons à présent un regard sur la cuisine et sur tout son équipement actuel : le grille-pain, le mixer, le robot de cuisine, le moulin à café électrique et la cafetière électrique – tous ces appareils que vous n'utilisez que de temps à autre dans un but spécifique.

À présent, attachons-nous tout d'abord à deux de ces instruments que vous utilisez quotidiennement et dont vous ne pourriez vous passer : l'un qui chauffe, l'autre qui refroidit. La modernité de vos robots acquis récemment ne peut être comparée à votre four à gaz ou à votre réfrigérateur, mais ce sont des ajouts très récents à l'arsenal humain de cuisson et de conservation des aliments.

Il y a moins de 375 ans, la cuisinière ou le fourneau se trouvait dans une enceinte jouxtant la cuisine. On y stockait du combustible (habituellement du charbon) qui chauffait une surface plane réservée à la cuisine. Ce dispositif sonnait le glas à plus d'un million d'années de cuisson à feu ouvert. Et certains lecteurs se souviennent peut-être de l'époque où le réfrigérateur électrique n'avait pas encore remplacé les pains de glace.

À présent, lorsqu'à votre retour du marché vous rapportez des aliments frais, vous les rangez aussitôt au réfrigérateur et le froid les empêche de s'abîmer. Le jour où vous désirez les consommer, vous les chauffez grâce à votre cuisinière électrique pour leur donner un goût plus agréable et aussi une meilleure digestibilité. De plus, après le repas, vous pouvez mettre les restes au réfrigérateur ou au congélateur pour les conserver. Plus tard, vous pourrez les réchauffer. La manipulation de nos aliments semble comporter des cycles continuels d'échauffement et de refroidissement. À notre époque, la seule différence par rapport aux temps révolus est que nous utilisons du gaz et de l'électricité.

Quel est l'effet de la chaleur et du froid sur nos aliments ? Nous pouvons évidemment brûler nos aliments soit par un excès de chaleur – les aliments sont trop chauffés – soit par un froid intense : les aliments sont déposés dans un congélateur.

Qu'est-ce qu'une brûlure par le froid ? Et, que se passe-t-il lorsque nous effectuons l'opération de cuisson la plus élémentaire, à savoir faire bouillir de l'eau ? Ah ! Bien plus que vous ne le pensez.

La chaleur

44. C comme calorie

☞ **Je sais que la calorie est une unité d'énergie. Mais pourquoi grossirais-je lorsque je prends un repas chaud ? Que se passerait-il si je ne mangeais que des plats froids ?**

Le concept de calorie dépasse largement la seule chaleur : la calorie sert à mesurer une quantité d'énergie, de n'importe quel type. Ainsi, nous pourrions exprimer l'énergie d'un camion qui se déplace en calories[1].

L'énergie est ce qui donne à un système quelconque la capacité de fournir du travail. Elle peut prendre différentes formes : le mouvement physique (pensez : camion); l'énergie chimique (pensez : dynamite); l'énergie nucléaire (pensez : réacteurs); l'énergie électrique (pensez : batteries); l'énergie gravitationnelle (pensez : torrent) et oui, la forme d'énergie la plus fréquente : la chaleur.

Ce n'est pas la chaleur qui est votre ennemi. C'est l'énergie – la quantité d'énergie que votre corps extrait en métabolisant la nourriture. Et si le fait de métaboliser ce cheesecake vous procure plus d'énergie que celle dont vous avez besoin pour vous déplacer du réfrigérateur à la télévision, votre corps stockera en réserve l'excès d'énergie sous forme de graisse. La graisse est un entrepôt d'énergie parce qu'elle a la capacité de dégager de la chaleur lorsqu'elle est brûlée. Mais pas de conclusions hâtives. Lorsqu'une annonce publicitaire vous promet de « brûler les graisses », ce n'est qu'une métaphore : un chalumeau ne vous fera pas perdre du poids.

Quelle est la quantité d'énergie d'une calorie et peut-on dire pourquoi différents aliments fournissent un nombre différent de calories lorsqu'on les métabolise ?

---

1. N.d.T. : l'unité officielle d'énergie est le joule. Une calorie vaut 4,18 joules.

Puisque la chaleur est la forme la plus courante d'énergie, la calorie est généralement définie en termes de chaleur. Et l'on posera la question sous la forme : combien de chaleur faut-il pour que la température de l'eau s'élève d'une quantité voulue ? Plus précisément, lorsque le terme « calorie » est utilisé en nutrition, cette Calorie (avec un C majuscule) vaut 1 000 petites calories, soit la quantité de chaleur à fournir pour augmenter la température de 1 000 g d'eau (ou 1 litre) d'1 degré Celsius. Les chimistes utilisent surtout la « calorie » qui ne fait qu'un millième de la calorie des nutritionnistes. Les chimistes appellent celle des nutritionnistes « une kilocalorie » (kcal).

Vous avez certainement constaté sur les étiquettes que différents aliments procurent différentes quantités d'énergie.

Au début, on mesurait le contenu d'énergie dans un aliment en le brûlant réellement dans un récipient rempli d'oxygène et immergé dans l'eau. On mesurait ensuite la hausse de la température de l'eau (cet appareil porte le nom de calorimètre). Vous pourriez bien sûr faire la même expérience avec une tarte aux pommes prête à être dégustée de façon à déterminer le nombre de calories que vous allez ingurgiter.

Mais, est-ce que la quantité d'énergie est la même, lorsque votre part de tarte est brûlée à l'oxygène dans le calorimètre et quand vous la digérez ? Oui et c'est remarquable car les mécanismes sont très différents. Lors de la digestion, le métabolisme libère l'énergie beaucoup plus lentement que ne le fait la combustion et heureusement il n'y a pas de flamme (les brûlures d'estomac ne comptent pas). Globalement, la réaction chimique est la même. Un aliment additionné à de l'oxygène produit de l'énergie et d'autres produits. Selon le principe de chimie, si les réactifs et les produits de réaction sont les mêmes, la quantité d'énergie libérée est la même. La seule différence pratique est que les aliments ne sont pas digérés ou brûlés complètement dans le corps. Ainsi, nous libérons réellement un peu moins que la quantité totale d'énergie qui serait libérée si nous réalisons la réaction de combustion dans l'oxygène.

En moyenne, nous constatons que nous libérons 9 calories d'énergie pour chaque gramme de graisse et 4 calories d'énergie pour chaque gramme de protéine et de glucide. C'est ainsi qu'au lieu de courir dans les laboratoires et de mettre le feu à tout aliment en vue, les nutritionnistes additionnent le nombre de grammes de graisses multiplié par 9 au nombre de grammes de protéines et de glucides, multiplié par 4.

Votre quotient métabolique de base, c'est-à-dire le minimum d'énergie utilisée pour la respiration, la circulation sanguine, la digestion des aliments, la réparation des tissus, la température du corps à maintenir, la sauvegarde du foie et des poumons en fonctionnement est d'environ 1 calorie par heure et par kilogramme de poids. Ceci représente pour un homme de 75 kg 1 800 calories par jour. Mais ce nombre dépend de l'âge, de l'état de santé, de la taille, de la forme et du sexe. Les femmes consomment environ 10 % d'énergie en moins.

La prise de poids dépend, entre autres, de l'excédent de la prise d'aliment par rapport au métabolisme de base et de la dépense d'énergie par l'exercice (sans compter le mouvement de la fourchette). Pour un adulte en bonne santé, l'Académie nationale des Sciences américaine recommande une prise journalière de 2 700 calories pour les hommes et de 2 000 calories pour les femmes, un peu plus pour les sportifs et moins pour les sédentaires.

La théorie pleine d'espoir qui propose de manger froid a circulé un certain temps mais malheureusement, ça ne marche pas. Une autre technique dont j'ai entendu parler préconise de boire de l'eau glacée. Cela nous ferait perdre du poids car votre corps devrait dépenser de l'énergie pour la réchauffer. C'est correct sur le principe mais les quantités d'énergie en jeu sont trop faibles. Réchauffer jusqu'à la température du corps un verre d'eau glacée de 250 mL ne vous délesterait que de 9 calories, l'équivalent d'1 g de graisse. Si faire un régime se ramenait à une baignade, on verrait fleurir un grand nombre de piscines. Hélas ! Si bien des substances rétrécissent lorsque la température diminue, cela ne se passe pas ainsi pour nous, les humains.

45. Haute cuisine

☞ **Mon mari, ma fille et moi-même, voulons retourner à La Paz en Bolivie pour adopter un autre bébé. Du fait de l'altitude, l'eau bouillante peut mettre des heures à cuire quelque chose. Y a-t-il une méthode empirique pour évaluer le temps de cuisson à différentes altitudes ? Peut-on être rassuré quant à la stérilisation de ces biberons ?**

L'altitude de La Paz varie, selon l'endroit où l'on se trouve, de 3 250 m à 4 000 m au-dessus du niveau de la mer. Or, comme vous le savez que l'eau bout à une température d'autant plus basse que l'altitude est plus élevée. En effet, les molécules d'eau doivent se battre contre la pression atmosphérique pour s'échapper. Lorsque la pression atmosphérique est plus faible, comme c'est le cas à haute altitude, les molécules d'eau peuvent y bouillir à plus basse température.

La température d'ébullition diminue d'environ 1,5 °C, chaque fois que l'on s'élève de 300 m. Donc, à 4 000 m, l'eau bout aux environs de 87 °C. Or, les germes ne peuvent vivre au-delà de 74 °C. Vous pouvez dès lors être totalement rassuré.

Il est difficile de faire des pronostics sur le temps de cuisson de différents aliments. Je vous suggère de demander conseil aux autochtones. Ils vous renseigneront volontiers quant au temps de cuisson du riz, des haricots et d'autres produits. Mais, vous pourriez aussi trimballer votre cocotte-minute et recréer votre atmosphère à haute pression à volonté.

Il en va différemment avec une cuisson au four. D'une part, l'eau s'évapore plus vite en altitude; vous devrez donc ajouter plus d'eau pour réaliser votre pâte à gâteau. Et comme il y a moins de pression pour retenir le dioxyde de carbone gazeux dégagé par la levure chimique, le gaz peut s'échapper par le haut de votre gâteau et ne pas le faire lever. Il faut donc utiliser moins de levure.

Tout cela peut être assez complexe. Voulez-vous mon avis ? Ne faites pas de pâtisseries et laissez cela aux artisans locaux.

46. Mettons le couvercle

☞ **Ma femme et moi ne sommes pas du même avis ! Elle prétend que si l'on chauffe de l'eau dans une casserole munie d'un couvercle, cela prendra moins de temps que si l'on ne met pas de couvercle car le couvercle garde la chaleur. Pour ma part, je pense au contraire que l'ébullition sera plus lente car la pression à l'intérieur de casserole sera plus importante, ce qui augmente le point d'ébullition. Qui de nous deux a raison ?**

C'est votre épouse, mais votre remarque se justifie.

Lorsque l'on chauffe l'eau contenue dans un récipient, la température augmente et il se forme de plus en plus de vapeur à la surface du liquide. Cela est dû au fait que de plus en plus de molécules acquièrent suffisamment d'énergie pour s'échapper dans l'air ambiant, emportant de l'énergie qui pourrait servir à augmenter la température de l'eau. En outre, plus l'eau se rapproche de la température d'ébullition, plus les molécules de vapeur d'eau se chargent d'énergie et plus il devient donc important de ne pas les perdre. Un couvercle réduit partiellement cette perte. Une meilleure adaptation du couvercle sur la casserole aide à y retenir les molécules chaudes et à faire bouillir l'eau plus rapidement.

Votre argument selon lequel un couvercle augmente la pression intérieure (comme dans une cocotte-minute) élevant ainsi la température d'ébullition et retardant le début de l'ébullition est en théorie correct mais insignifiant en réalité.

Même si le couvercle s'adapte parfaitement sur une casserole de 25 cm de diamètre contenant un demi-litre d'eau, la pression interne ne varie que de 0,1 pour-cent. Cette variation de pression ne ferait croître la température d'ébullition que de deux centièmes de degré Celcius. Mais vous pouvez certainement retarder l'ébullition en regardant votre casserole.

47. In vino veritas

☞ **Si je cuisine un mets avec du vin ou de la bière, tout l'alcool s'est-il volatilisé ou reste-t-il encore un peu d'alcool à la fin de la cuisson ?**

Plusieurs livres de cuisine affirment que tout l'alcool ou presque s'est évaporé durant la cuisson. L'explication couramment avancée est que l'alcool bout à 78 °C, tandis que l'eau ne bout qu'à 100 °C. Donc, l'alcool s'évaporera avant que l'eau ne commence à bouillir.

Mais ce n'est pas comme ça que ça marche ! Il est vrai que l'alcool pur bout à 78 °C et l'eau pure à 100 °C. Mais cela ne signifie pas que dans un mélange, chacun réagit indépendamment de l'autre. En réalité, la présence de chacun affecte la température d'ébullition de l'autre. Ainsi, le mélange d'alcool et d'eau bout à une température se situant entre 78 °C et 100 °C. Cette température sera plus proche de 100 °C s'il y a beaucoup d'eau et plutôt aux alentours de 78 °C s'il y a davantage d'alcool, ce que je n'espère pas pour votre plat.

Lorsque ce mélange mijote ou bout, les vapeurs qui se dégagent sont constituées d'eau et d'alcool, qui s'évaporent ensemble. Mais, comme l'alcool est plus volatil que l'eau, la proportion d'alcool dans les vapeurs est plus élevée qu'elle ne l'était dans le liquide. Toutefois, les vapeurs ne contiennent pas que de l'alcool pur et lorsqu'elles parviennent à déserter la poêle, elles ne contiennent plus beaucoup d'alcool. La perte d'alcool au cours de la cuisson est donc moins importante qu'on ne le pense. Il est impossible de donner une estimation exacte de la quantité d'alcool qui reste mais le résultat de certains tests pourrait nous surprendre.

En 1992, un groupe de nutritionnistes américains a tenté de déterminer ces quantités d'alcool dans deux plats de *burgundy-laden* (une recette assez similaire au bœuf bourguignon et au coq au vin) et dans une casserole de coquilles Saint-Jacques au sherry. Ils ont découvert qu'il restait entre 4 et 49 pour cent de l'alcool de départ dans les plats en fin de cuisson et cela varie selon les aliments et leur mode de cuisson.

Un peu d'alcool est toujours de l'alcool. Pensez-y !

Le froid

48. En attendant le dégel !

☞ **Quelle est la meilleure façon et la plus rapide pour décongeler des aliments ?**

Je vous comprends. Vous rentrez chez vous après une dure journée de travail et vous n'avez nulle envie ni de cuisiner ni d'aller au restaurant. Que faites-vous ?

Vous ouvrez le congélateur et vous scrutez son contenu. Vous ne vous demandez pas tant ce qu'il contient (« Ah ! si seulement j'avais étiqueté les paquets ! ») mais surtout ce qui dégèlera le plus rapidement. Une fois choisi, vous avez à prendre l'une des options suivantes : (a) laisser le paquet sur la table, le temps de dépouiller votre courrier du jour et les messages qui vous sont adressés ; (b) le faire tremper dans un baquet d'eau ; (c) utiliser la méthode la plus rapide et la plus facile que je vais vous divulguer et qui, je vous le promets, vous étonnera.

Pour les aliments surgelés et achetés dans le commerce, suivez scrupuleusement les directives. Vous ne soupçonnez pas le nombre de techniciens et d'économistes qui se sont acharnés pour déterminer la méthode la plus efficace pour décongeler ces produits alimentaires. Faites leur confiance !

Même si les instructions données font appel au four à micro-ondes, cette méthode ne fonctionne pas correctement pour les aliments que vous avez congelés vous-même. Il est en effet difficile d'éviter un début de cuisson.

Le terme « aliment congelé » n'est pas approprié. En langage technique, « geler » signifie « faire passer une substance de l'état liquide à l'état solide par refroidissement ». Or, tant la viande que les légumes sont déjà à l'état solide lorsqu'on les met dans le congélateur. En fait, c'est leur eau qui gèle et forme de petits cristaux de glace qui durcissent l'ensemble de l'aliment. Le but de la décongélation est de faire fondre ces petits cristaux pour les ramener doucement à l'état liquide.

Comment faire pour dégeler les cristaux de glace ? En les chauffant, évidemment ! Votre premier problème à résoudre est donc de trouver une source de chaleur qui donne lieu à une faible température. Si cette phrase vous paraît paradoxale, sachez que chaleur et température sont deux concepts différents.

La chaleur est l'énergie que possèdent les molécules en mouvement. Dans une certaine mesure, toutes les molécules sont en mouvement. La chaleur est partout et dans tout. Même un cube de glace contient de la chaleur; pas autant qu'une patate chaude mais quand même un peu.

La température est simplement un nombre par lequel les humains expriment la vitesse relative des molécules en mouvement. Si les molécules d'une certaine substance se meuvent plus vite que celles d'une autre substance, on dit que la première est à une température plus élevée ou est plus chaude que la seconde.

L'énergie « chaleur » se déplacera automatiquement de la substance la plus chaude vers une autre qui lui est adjacente et qui est plus froide. Ce choc aura pour conséquence que les molécules initialement plus froides se réchaufferont aux dépens de celles qui étaient plus chaudes. Nous pouvons réchauffer plus rapidement nos aliments congelés en les mettant en contact avec une substance plus chaude comme l'air chaud d'un four. Mais la partie extérieure, la surface de l'aliment, serait cuite avant même que la chaleur n'ait pénétré la partie interne, le cœur de l'aliment à dégeler.

L'air de nos cuisines n'est que modérément chaud par rapport à l'air d'un four chaud. Mais, il contient encore assez de chaleur pour dégeler des aliments surgelés. Faut-il donc laisser nos aliments gelés à l'air libre ? Non, ce serait trop long pour que l'air transfère suffisamment de chaleur. En effet, l'air est le plus mauvais conducteur de chaleur que vous pourriez utiliser ! Les molécules d'oxygène sont trop éloignées les unes des autres pour entrer en collision avec les molécules de la substance à réchauffer. Il existe un autre danger à décongeler à l'air libre : le dégel est lent et les bactéries peuvent proliférer à la surface de l'aliment qui est la première à dégeler.

Que dire de l'immersion dans l'eau ? L'eau est meilleur conducteur de la chaleur que l'air puisque les molécules d'eau sont plus compactes. Si l'empaquetage du produit est imperméable, vous pouvez sans crainte mettre le paquet dans un bol d'eau et au cas où l'aliment est un poulet ou une dinde entiers, vous pouvez les mettre dans l'évier ou éventuellement dans la baignoire, remplis d'eau froide. Prenez soin de changer l'eau toutes les demi-heures, le processus de dégel se fera ainsi plus rapidement.

Je vais maintenant vous dévoiler la méthode la plus rapide. Déballez l'aliment surgelé et placez-le dans un grand fait-tout ou dans une poêle à frire lourde et froide – oui froide, donc non chauffée ! Les métaux sont les champions des conducteurs de chaleur car ils possèdent des milliards d'électrons libres qui peuvent transmettre l'énergie encore mieux que ne le font les molécules qui s'entrechoquent. La poêle en métal peut ainsi transmettre efficacement la chaleur ambiante de votre cuisine à l'élément surgelé. Plus la poêle est lourde, mieux c'est, car une pièce de métal épaisse peut conduire davantage de chaleur en un temps donné. Les aliments minces comme le steak ou la côtelette dégèleront plus rapidement car ils ont de meilleurs contacts avec la poêle qu'avec l'air de la cuisine. Gardez ceci précieusement en mémoire lorsque vous découpez vos parts avant de les congeler. (Les pièces plus importantes, poulets entiers, grands rôtis, dindes ne dégèleront pas plus vite dans la poêle que sur la table de cuisine. Dégelez-les plutôt dans l'eau froide ou dans le réfrigérateur, ceci afin de parer au danger d'une prolifération bactérienne). Les poêlons non adhésifs ne sont pas efficaces pour le simple motif que les revêtements non adhésifs sont mauvais conducteurs de chaleur, de même que les poêles en fonte qui sont poreuses.

J'ai découvert ce « truc » alors que j'expérimentais un « plateau miracle » vendu sur catalogue, fabriqué soi-disant dans un alliage « d'avant-garde, super-conducteur et digne de l'ère spatiale », censé « prendre immédiatement la chaleur de l'air ambiant ». Eh bien ! Cet alliage de « l'ère spatiale » n'est composé de rien d'autre que d'aluminium (je l'ai analysé) et il capte la chaleur de l'air comme n'importe quelle poêle à frire en aluminium.

Préservez donc la méthode par immersion dans l'eau pour les aliments volumineux et placez votre steak ou vos côtelettes sur une lourde poêle à frire. Ils seront décongelés avant que vous n'ayez le temps de dire « mais où ai-je mis les petits pois surgelés » ! Bon, pas tout à fait mais plus rapidement que vous n'auriez pu le croire.

FEUILLETÉ ET FOURRÉ
EMPANADAS FACILES

En Espagne, le mot *empanada* signifie « à base de pain ». Mais la définition de ce mot semble un peu trompeuse car, en Amérique Latine, les empanadas sont des pâtisseries fourrées – à peu près toutes les pâtisseries faites à partir de farine de blé ou farine de maïs et remplies d'à peu près tout ce que l'on peut imaginer, en général avec de la viande ou des fruits de mer. On peut les appeler friands et on peut les cuire au four ou les faire frire. Chaque pays d'Amérique Latine a ses propres versions. Leur confection est rapide si on les fait à la chaîne.

Dans la recette que je vous présente ici, on emballe une farce traditionnelle dans de la pâte. Vous pouvez utiliser de la pâte achetée dans les magasins, cela vous évitera d'avoir à la faire vous-même. Mais si vous utilisez de la pâte maison, il est particulièrement important de passer le rouleau à pâtisserie sur une surface froide telle que du marbre. En absence de marbre, passer le rouleau le plus rapidement possible sur une planche en bois. Vous trouverez des feuilles pour pâtisseries fourrées au rayon surgelés de votre supermarché. Vous pouvez remplacer le bœuf par de la dinde ou du poulet.

Ingrédients pour 18 empanadas

- 500 grammes de pâte pour friands
- 1 cuillerée à soupe d'huile d'olive
- 2 oignons émincés
- un poivron rouge finement haché
- 1 gousse d'ail finement émincée
- 500 grammes de viande hachée
- 2 cuillerées à café de farine blanche
- une cuillère à soupe de piment en poudre
- 1/2 cuillère à café d'origan
- 1/2 cuillère à café de cumin
- quelques clous de girofle
- du poivre fraîchement moulu
- le jaune d'un œuf mélangé à un peu d'eau
- 3 cuillères à soupe de ketchup

1. Décongelez la pâte 8 à 12 heures au réfrigérateur.
2. Chauffez l'huile dans une grande poêle à une température moyenne et faites cuire les oignons et le poivron cinq minutes. Ajoutez l'ail et faites cuire une minute de plus. Ajoutez la viande hachée et cuisez l'ensemble pendant cinq minutes. La viande doit brunir. Jetez la graisse excédentaire et enlevez la poêle du feu.
3. Mélangez la farine, les épices et l'assaisonnement dans un bol. Ajoutez à la viande et mixez le tout. Ajoutez le ketchup et mélangez à nouveau. Goûtez. Votre farce doit être épicée.
4. Transférez le mélange sur une surface plane, étalez-le de façon à le faire refroidir. Vous pouvez préparer vos *empanadas* rapidement si vous rationalisez votre tâche. Divisez la garniture en 18 portions de 2 cuillerées à soupe chacune. Vous pouvez adopter cette méthode : utilisez une spatule et répartissez la garniture sur 3 rangées avant de découper chacune d'entre elles en 6 sections. Laissez-la de côté pour le moment.

5. Préchauffez le four à 200 °C.
6. Sortez une feuille de la pâte décongelée et placez-la sur une surface enduite de farine. Enfarinez-la légèrement de chaque côté.
7. Avec un couteau pointu, découpez la feuille de pâte en 3 longues bandes puis faites des carrés de 7 centimètres de côté environ. Avec un rouleau à pâtisserie, agrandissez les carrés pour qu'ils mesurent environ 12 centimètres de côté. Enduisez légèrement les carrés de farine et empilez-les.
8. Faites les empanadas : placez un carré de pâte sur une surface enfarinée. Utilisez un pinceau doux et enduisez les bords gauche et inférieur du carré d'œuf battu. Placez la portion de viande à côté des bords enduits. Pliez la pâte pour lui donner une forme triangulaire puis fermez-le tout en appuyant avec les dents d'une fourchette. Égalisez les bords avec un couteau de cuisine si nécessaire. Mettez votre empanada sur le papier de cuisson.
9. Enduisez les empanadas avec l'œuf battu qui reste. Percez 2 trous au sommet de chaque empanada avec un couteau afin que la vapeur puisse s'échapper. Cuisez les pendant 18 à 20 minutes jusqu'à ce qu'elles gonflent et brunissent.

Kiosque des sciences

Les ravisseurs d'électrons

En chimie, le terme **oxydation** fait référence à un spectre de réactions plus large que la simple interaction d'une substance avec l'oxygène.

Au sens large, l'oxydation se réfère à toute réaction où un atome ou une molécule perd des électrons. Ainsi, l'eau oxygénée nommée aussi peroxyde d'hydrogène ainsi que les autres peroxydes sont des agents d'oxydation qui peuvent arracher les électrons aux dépens de molécules d'autres produits chimiques.

D'autre part, si un composé chimique est coloré, c'est parce que ses électrons absorbent certaines longueurs d'onde spécifiques des couleurs présentes dans la lumière du jour (un mélange de toutes les longueurs d'onde du visible).

Ainsi, une substance apparaît jaune lorsqu'elle absorbe principalement la couleur complémentaire, ici le bleu, parmi l'ensemble des couleurs de la lumière blanche, plus souvent caractérisée comme « lumière du soleil ».

Nous disons que la fleur est jaune. Mais, si un agent oxydant kidnappait les électrons qui absorbent le jaune, la fleur semblerait avoir pris un bain d'eau de Javel.

☞ Comment détacher une tache récente de vin rouge ?

Prévoyez ! Conservez par exemple à la cuisine un produit contenant du percarbonate de sodium (un oxydant fort genre Oxi-clean). Il en existe de différentes marques. Ce sont des poudres blanches.

Suivez les étapes suivantes :

- Versez du vin. Servez le repas. Appréciez le repas, les vins, les divertissements.
- Attendez en silence qu'un convive répande du vin rouge sur la nappe.
- Immédiatement, sans attendre, épongez le vin avec du papier absorbant, tout en disant au responsable de ne pas s'en faire tout en l'imaginant « brûler en enfer ».
- Saupoudrez de percarbonate de sodium l'endroit taché de la nappe.
- Vaporisez de l'eau pour constituer une pâte de percarbonate.
- Laissez reposer la pâte une dizaine de minutes afin de tenir la conversation. Imaginez encore le coupable brûlant en enfer.
- Saisissez la première opportunité pour mettre la nappe telle quelle dans le lave-linge.
- Faites tourner le lave-linge avec votre lessive habituelle. Ajoutez-y la pâte au percarbonate et tout ce que vous y mettez habituellement.
- Allez vous confesser pour vos mauvaises pensées.

Chapitre 9

Parcourons les champs !

À présent, intéresserons-nous tout spécialement aux herbes ! Je pressens votre stupéfaction. Non ! Nous ne nous attarderons pas à ces pelouses qui font l'objet de tous nos soins et qui entourent nos habitations, ni à celles des terrains de golf qui engloutissent le peu d'eau dont les zones arides pourraient disposer plus efficacement.

Mais, nous porterons notre réflexion sur les céréales, cette famille de plantes qui plus que toute autre nourrit le monde entier.

Les graines comestibles que sont le froment, le riz, le seigle, l'avoine, le maïs et l'orge ne nourrissent pas seulement la plupart des populations humaines, mais elles servent aussi à nourrir le bétail et la volaille qui les transforment ensuite en viande. Ces graines, autrement dit ces céréales, sont à la fois les plus anciennes et les plus importantes de toutes les cultures alimentaires.

Le blé est sans doute la plus ancienne de ces cultures. Il est toujours très largement cultivé, avec une production mondiale en 2007 de 619 millions de tonnes. La production de riz est de 426 millions de tonnes), dont 90 pour cent proviennent d'Asie. Mais le champion du monde est le maïs, avec une production annuelle de plus de 778 millions de tonnes. La production totale de toutes les autres céréales (l'orge, le seigle, l'avoine et le sorgho), dites céréales secondaires, s'élève à environ 298 millions de tonnes. (Source : *Perspectives de récoltes et situation alimentaire. FAO, n° 4, juillet 2007.*)

La principale caractéristique de toutes ces céréales est leur teneur en amidon. D'un point de vue chimique, l'amidon appartient à la classe des glucides.

Chimiquement parlant, j'aurais pu intituler ce chapitre « Les glucides », qu'ils proviennent des céréales, des légumes ou, et je pense au miel, des abeilles.

Dans ce chapitre, nous adopterons essentiellement le point de vue chimique.

49. Question à Oncle Ben

☞ Riz étuvé ou précuit ?

Précuire un aliment, c'est le cuire un peu mais incomplètement. Lorsque vous préparez un plat contenant du riz et d'autres ingrédients qui ont une cuisson plus courte, la recette peut vous conseiller de précuire le riz durant un certain temps afin que tous les ingrédients soient prêts au même moment.

Immédiatement après la récolte, les grains de riz sont enrobés d'un tégument qui n'est pas comestible et qui est décortiqué lors du passage à l'usine de meulage. Sous le tégument, il y a une fine couche de son que nous retrouverons dans le riz complet, mais que l'on abrase dans le riz blanc. Cette couche de son donne au riz complet sa couleur brune et son goût noisette. Ce riz complet est plus ferme et met plus longtemps à cuire.

Avant d'avoir décortiqué le riz, on le traite parfois à la vapeur d'eau à haute pression. C'est ce riz que les meuniers nomment « riz étuvé » ou « riz traité ». En plus de l'assouplissement des téguments, le jet de vapeur fait migrer les nutriments du son vers l'intérieur du grain (l'endosperme).

Attention ! Étuver du riz n'est pas le précuire : le riz étuvé est toujours « cru »; il met même parfois plus de temps à cuire que le riz qui ne l'est pas.

Au fait, si vous vous demandez ce que signifie le « riz étuvé », c'est la mention déposée à l'origine par Uncle Ben's pour du riz « transformé » par étuvage (procédé vapeur). Le riz « rapide » ou « instantané » est un riz qui a été entièrement précuit puis séché pour une clientèle qui est vraiment pressée.

50. Ton moulin va trop vite

☞ **Quelle est la différence entre la farine blanche et la farine non blanchie ? Pourquoi la farine non blanchie est-elle plus chère ? Me ferait-on payer le fait de ne pas la blanchir ?**

La farine de blé est naturellement de couleur crème, car elle contient des pigments de la famille des « caroténoïdes », des composés naturels, jaunes et oranges. Ces pigments se retrouvent aussi dans de nombreux fruits, légumes et céréales. (Les carottes doivent leur fameuse couleur orange au carotène, base des autres caroténoïdes). Mais nombreuses sont les personnes qui sont moins tolérantes que vous en matière de couleurs et qui n'acceptent pas que leur farine soit bise ou couleur crème. Il y a néanmoins une exception : la farine de semoule utilisée pour faire les pâtes. Bien qu'elle contienne plus de pigments caroténoïdes que les autres farines de blé, elle est en général pas blanchie. Il est vrai que les pâtes légèrement jaunes, qui vous rappellent la richesse des œufs, sont plus attrayantes que des pâtes absolument blanches.

Si nous lui en donnons la chance, la farine blanchit d'elle-même. En effet, au contact de l'air, les pigments s'oxydent et se transforment en produits incolores. Mais faire vieillir de la farine prend du temps et exige donc un délai de stockage. Et le temps, c'est de l'argent… C'est la raison pour laquelle une farine « non blanchie » (c'est-à-dire qui s'est blanchie d'elle-même pendant le stockage) coûte plus cher. Les fabricants peuvent simuler les effets du vieillissement en ajoutant un agent oxydant comme le bromate de potassium, le dioxyde de chlore ou le peroxyde de benzoyle (prononcer bin-zo-ile). Le blanchiment de la farine n'est pas une opération cosmétique. La farine blanche qui a subi une maturation, soit par vieillissement naturel, soit par traitement avec des agents d'oxydation, nous procure des pâtes de granulation plus fine qui donnent du pain plus volumineux et qui, d'après les boulangers, est plus élastique lors du pétrissage. La raison en est que l'oxydation ne supprime pas seulement la couleur mais aussi des produits chimiques à base de soufre – des thiols – qui perturbent la formation de gluten, cette protéine collante et élastique qui capte des bulles de gaz carbonique dans la pâte, rend celle-ci bien élastique et procure un pain de texture légère.

Certaines personnes s'inquiètent de la présence de produits chimiques (aux noms intimidants) qui servent au blanchiment. Qu'elles se rassurent ! Ces produits de blanchiment, une fois leur mission accomplie, disparaissent après s'être transformés en substances inoffensives. Le dioxyde de chlore est un gaz qui se dissipe. Il n'en reste donc plus dans la farine. Tout excédent de peroxyde de benzoyle se décompose à la chaleur du four. Après avoir réagi avec les caroténoïdes et les thiols, le peu de bromate de potassium (50 à 75 ppm ; ppm = parts par million) ajouté se transforme en bromure de potassium, un sel totalement inoffensif. Ce produit utilisé depuis plus de 80 ans par les boulangers n'a pu être détecté avant que les chimistes ne soient à même d'utiliser des méthodes analytiques (et cela est récent) qui peuvent détecter avec précision jusqu'à un milliardième de gramme d'une substance. Ce niveau extrêmement bas a pu être détecté dans les produits tels que les bromates utilisés en boulangerie. Les instruments actuels détectent avec grande sensibilité la présence de produits chimiques dans n'importe quoi. Une constatation que le grand public doit savoir ! Toutefois, un produit toxique, noté arbitrairement « XYZ », génère des peurs infondées. Mais tout est toxique à forte dose et inoffensif à dose suffisamment faible.

Néanmoins, comme on a découvert qu'à dose massive le bromate causait des cancers aux rats, de nombreux consommateurs ont pris peur et l'industrie boulangère américaine en a volontairement interdit l'usage. Ce produit a été également interdit en France, au Canada et en Grande-Bretagne.

Incidemment, l'affirmation selon laquelle le blanchiment de la farine détruit la vitamine E est vraie mais sans objet, puisque la farine de blé n'en contient qu'une quantité négligeable.

51. Lève-toi et marche !

☞ **J'ai une recette qui fait intervenir de la farine fermentante, mais je n'en trouve pas dans le commerce. Puis-je la faire moi-même ?**

Évidemment ! La farine fermentante est une farine à laquelle on a ajouté de la levure chimique (composée essentiellement de bicarbonate de sodium) et du sel. La plupart des grands supermarchés en vendent. Mais si vous voulez la faire vous-même, ajoutez simplement trois cuillerées à café de levure chimique et une cuillerée à café de sel à environ 250 g de farine blanche. Mélangez bien en utilisant un bon fouet.

52. Le sarrasin, toujours d'actualité

☞ **Qu'appelle-t-on sarrasin ? Puis-je faire du pain avec la farine de sarrasin ?**

Non ! Et cela pour deux raisons : le sarrasin n'est pas du blé; et même s'il l'était, sa farine ne pourrait pas servir à faire du pain.

Les « gruaux » de sarrasin connus sous le nom de *kasha* en Europe de l'Est, « sarrasin » ou blé noir en France et *buckwheat* dans les pays anglo-saxons, sont les semences de la plante nommée *Fagopyrum esculentum* qui n'est apparentée ni au froment, ni à aucune autre variété de céréales. Le terme « gruau » fait référence à des grains en coquille fendillée de tout genre, tels que le froment, le sarrasin, l'avoine et l'orge. Lorsque le grain devient blé, les gruaux se transforment en poudre.

Le terme « *buckwheat* » provient de l'allemand et du néerlandais et veut dire blé de hêtre, parce que les graines comestibles sont taillées comme des tétraèdres pyramidaux avec quatre faces égales et triangulaires et ressemblent aux faines des hêtres. Les graines peuvent être soit fendues en gruaux, soit réduites en farine et mélangées à du froment avec comme but d'en faire des crêpes. Toutefois, la farine de sarrasin n'est pas destinée à faire du pain. Pourquoi ? Parce que, lorsqu'elle est mouillée, il se forme très peu de gluten, cette protéine élastique qui capte les bulles de gaz et donne au pain sa structure molle et caoutchouteuse. La farine de sarrasin mouillée est à peine suffisamment collante pour les Japonais, qui l'utilisent pour en faire des nouilles de soba.

Deux façons de préparer de la polenta

Certaines personnes évitent de faire de la polenta car la méthode italienne traditionnelle (ajouter de la semoule de maïs dans de l'eau bouillante dans une casserole sur le feu en remuant constamment) requiert trop d'attention. Votre grand-mère italienne sera peut-être scandalisée mais il y a d'autres façons beaucoup plus faciles de faire de la polenta. Vous pouvez utiliser un couscoussier ou un four. Lorsque la polenta sera prête, elle sera épaisse, lisse et il n'y aura aucun grumeau.

Cuisson au bain-marie

Ingrédients pour quatre personnes

- un litre d'eau
- du sel
- 25 centilitres de farine de maïs
- du beurre

Faites bouillir 60 centilitres d'eau dans la partie supérieure du couscoussier et ajoutez le sel.

Mélangez la farine de maïs aux 40 centilitres d'eau restant. Ajoutez ce mélange à l'eau bouillante et remuez vigoureusement. Réduisez la température et continuez à remuer le mélange jusqu'à ce que l'ébullition reprenne.

Placez ce mélange au-dessus de la partie inférieure du couscoussier que vous aurez remplie d'eau bouillante. Couvrez et laissez cuire la polenta pendant 45 minutes en remuant de temps en temps où jusqu'à ce que la consistance soit douce et épaisse.

CUISSON AU FOUR

Ingrédients pour 8 portions

- 2 cuillerées à soupe d'huile d'olive
- 2 tasses de farine de maïs (environ 500 grammes)
- 1,5 L d'eau
- du sel

Préchauffez le four à 200 °C. Graissez un moule d'environ 25 centimètres de diamètre.

Mélangez l'huile, la farine, le sel et l'eau dans un saladier.

Transférez ce mélange dans le moule et mettez-le au four avec précaution afin de ne pas répandre la préparation.

Laissez cuire à découvert pendant 45 minutes. Utilisez une spatule en bois ou une fourchette pour remuer la polenta jusqu'à obtenir une consistance homogène et lisse. Cuisez encore le tout pendant 5 minutes ou jusqu'à ce que le mélange soit légèrement boursouflé.

VARIATION SUR LE MÊME THÈME

Polenta au Gorgonzola

Mettez de la polenta dans un plat que vous aurez au préalable chauffé. Creusez le centre de la préparation et mettez-y 3 noix de beurre doux et 100 grammes de gorgonzola râpé. La quantité peut toutefois varier en fonction de la quantité de polenta.

Restes de polenta

Mettez la polenta cuite dans un plat que vous aurez graissé. Lissez la surface avec une spatule en bois. Couvrez et emballez-la dans un film plastique et mettez-la au réfrigérateur. La polenta froide est délicieuse lors du petit-déjeuner. Coupez-la en tranches. Faites-la rôtir dans du beurre ou de la graisse de lard. Recouvrez-la avec du sirop d'érable.

Kiosque des sciences

Comment avoir son compte d'azote ?

L'azote est, en tant qu'élément clé des acides aminés, (eux-mêmes constituants des protéines), un composant indispensable pour tout ce qui vit, que ce soit des plantes ou des animaux.

Dans l'atmosphère terrestre, il y a une réserve de molécules d'azote gazeux quasiment illimitée (environ 80 % de tous les gaz atmosphériques).

Toutefois, la liaison qui unit deux atomes d'azote est très forte et l'énergie fournie par la photosynthèse n'est pas suffisante pour les dissocier l'un de l'autre pour que chacun d'eux puisse participer à la formation des protéines.

Et voici un cas remarquable de symbiose : la légumineuse et certaines bactéries du sol nommées **Rhizobium** ont fait un compromis dont tous deux peuvent bénéficier. La bactérie produit une enzyme qui diminue l'énergie nécessaire à la rupture des liaisons N=N, libérant ainsi des atomes d'azote, ceux-ci sont ensuite convertis en ammoniac NH_3 et en nitrates.

La plupart des nitrates sont solubles dans l'eau et peuvent s'infiltrer dans le sol, là où les racines de la plante peuvent les absorber.

L'ammoniac peut aussi se dissoudre dans l'humidité du sol et former des sels d'ammonium, matière première de leurs usines de protéines. (Un engrais puissant et riche en ammoniac n'est autre que NH_4NO_3.)

Un terrain en friche traité par la bactérie ci-dessus ne peut être fertilisé qu'à raison de 5 kg d'azote par hectare et par an.

En revanche, un champ cultivé de légumineuses peut produire plusieurs centaines de kg d'azote par hectare et par an.

Et voici comment bactérie et plantes interagissent.

Lorsque la bactérie **rhizobium** envahit les racines des légumineuses, celles-ci ripostent en formant des nodules, petits sanctuaires chargés de jus riches de sucre. La bactérie peut s'en gaver en procédant à la fabrication de sels d'ammonium et de nitrates.

Une plante de haricot typique produit moins de cent nodules, mais un plant de soja peut en avoir plusieurs centaines et une plante d'arachide peut porter un millier ou même plus de ces usines miniatures à engrais.

Chapitre 10

Ces épices tant convoitées

53. Parcours initiatique

☞ Quelle est la différence entre les fines herbes et les épices ?

Toutes deux sont des ingrédients alimentaires dérivés de plantes dont une petite quantité suffit pour donner beaucoup de saveur. Dans la majorité des cas, ce manque de différenciation entre épices et herbes suffit car, pour un cuisinier, le plus important est de connaître leur saveur et leur emploi, plutôt que de s'attarder sur leur spécificité botanique. Néanmoins, il y a une distinction technique assez fiable (bien qu'assez confuse) entre herbes et épices.

Le mot « herbe » vient du latin *herba* qui signifie non seulement herbe mais aussi feuille verte. Le botaniste utilise le terme « herbe » pour toutes les plantes à tige molle. Toutefois, l'usage courant attribue le terme « herbe » à toutes les plantes feuillues et utilisées pour leur goût, leur arôme ou leurs propriétés médicinales. Historiquement, on peut constater que les herbes n'étaient pas utilisées uniquement à des fins culinaires mais aussi durant des cérémonies mystiques ou comme de prétendus remèdes. Aujourd'hui, l'afflux de remèdes à base de plantes n'est que la dernière incarnation d'un charlatanisme très ancien. Pour diverses raisons, certaines personnes croient que « si ça vient d'une plante, c'est « naturel » et donc bon pour la santé (« Tenez Monsieur Socrate buvez cette tasse de ciguë. Elle a été préparée avec un ingrédient entièrement naturel. »).

Il faut bien dire que le terme « épice » n'a pas de statut scientifique. C'est un mot fourre-tout pour tout ce qui a trait aux plantes (à l'exception des feuilles) procurant aux mets un arôme et un goût prononcé. Sur le plan de l'étymologie, le mot « épice » vient du latin *species* qui signifie variété de marchandises et qui désignait à l'origine les articles commerciaux en provenance de l'Orient, qui étaient pour une bonne partie constitués d'épices. Les épices peuvent être des racines, des rhizomes, des écorces, des graines, des fruits ou des fleurs. Le plus souvent, ce sont des graines. Les herbes sont habituellement vertes et plutôt douces tandis que les épices peuvent être brunes, noires ou rouges et ont une saveur plus âcre.

Mais le tableau se complique encore, en raison de différences culturelles et linguistiques. En effet, la plupart des épices sont originaires des régions tropicales, alors que les herbes ont évolué dans des régions au climat tempéré. Par exemple, le cilantro est une plante herbeuse dont les fleurs portent le nom espagnol, alors que les semences sont nommées coriandres en Angleterre et dans nos contrées. Ces dernières sont utilisées comme épices.

Il serait agréable de pouvoir imaginer que dame Nature a créé toutes ces substances botaniques savoureuses et goûteuses pour le seul plaisir de nos papilles. Mais pour qui nous prenons-nous, nous les *Homo sapiens ?* Il doit y avoir d'autres raisons liées à l'évolution pour que les plantes développent des produits chimiques très spécifiques qui nous ravissent autant. Et il y en a bien !

La grande majorité des plantes ne se reproduisent que grâce à une pollinisation due aux abeilles et à d'autres insectes qu'elles attirent en sécrétant certaines substances chimiques. Pour séduire physiquement, les plantes ont leur couleur. Mais il leur est tout aussi important de pouvoir séduire chimiquement. Pour séduire, plusieurs plantes ont développé des composés chimiques que nous nommons « huiles essentielles » (ou quintessence) qui se volatilisent et se dispersent rapidement dans l'air. (Notons en passant que fleurs et parfums sont souvent un prélude à la reproduction humaine également.)

D'autres plantes ont recours à des produits à l'odeur ou au goût déplaisants pour repousser les prédateurs, et que nous, humains, trouvons agréables, utilisés en faible quantité pour parfumer notre nourriture.

Trois familles de plantes se partagent la part du lion des herbes et épices culinaires :

- la famille des labiées (*Lamiaceae*) : la menthe, le thym, le basilic, la marjolaine (ou origan), la lavande, le romarin, l'herbe à chat (ou cataire);
- la famille des ombellifères (*Apiaceae*) : le persil, l'anis, l'aneth odorant, la coriandre, le carvi, le cumin, la ciguë (un poison) et certains légumes savoureux tels que les carottes, les céleris, les fenouils et les panais;
- la famille des crucifères (*Brassicacae*) : la moutarde, le radis, le raifort, le brocoli, les choux de Bruxelles, les choux verts, les

choux-fleurs, les choux rouges, les navets, le rutabaga ainsi que ceux au goût poivré que l'on n'utilise généralement pas comme herbes.

Comme il y a plus d'une centaine d'herbes et d'épices de par le monde, nous ne pourrons pas les traiter toutes. Si vous voulez en savoir plus, n'hésitez pas à aller sur Internet où plusieurs sites décrivent leurs usages respectifs.

POMMES DE TERRE ÉCRASÉES AUX PIMENTS ROUGES

Les piments rouges, bien qu'ils appartiennent à la même famille, ne sont pas tous les mêmes. Certains sont très fort alors que d'autres sont plutôt doux. Si ceux que vous avez ne sont pas assez forts, relevez un peu votre plat en le saupoudrant d'un peu de piment fort. Votre plat devrait être suffisamment épicé.

La préparation des piments et celle des pommes de terre peuvent se faire à l'avance. Ensuite, il ne faudra prévoir que dix minutes pour terminer votre recette avant de la servir. Essayez d'associer ce plat avec un poulet rôti. Et, s'il vous en reste, ce qui est peu probable, vous pouvez le réchauffer le lendemain au petit-déjeuner et le servir avec des œufs.

Ingrédients pour 4 personnes

- 2 grosses pommes de terre lavées mais non pelées
- 1 cuillerée à soupe d'huile d'olive
- 1 noix de beurre doux
- 1 petit oignon finement tranché
- 1/2 piment rouge doux finement tranché
- 1/2 piment vert doux finement tranché
- Une pincée de piment frais (ancho, serrano, poblano ou japaleño) équeuté et épépiné
- du sel
- de la poudre de piment rouge (éventuellement)

Portez l'eau salée à ébullition dans une grande casserole. Ajoutez-y des pommes de terre entières. Laissez frémir pendant 10 minutes. Ne les coupez pas et ne les laissez pas cuire plus longtemps. Vous auriez de la purée.

Quand les pommes de terre ont refroidi et que vous pouvez les manipuler aisément, pelez-les et coupez-les dans le sens de la longueur. Coupez-les en petits cubes.

Mettez l'huile d'olive et le beurre dans une grande poêle à feu moyen. Ajoutez l'oignon et tous les piments en remuant le tout pendant 1 à 2 minutes ou jusqu'à avoir attendri la préparation. Ajoutez les pommes de terre et retournez-les de temps en temps pendant environ 10 minutes ou jusqu'à ce que les pommes de terre dorent.

Assaisonnez avec du gros sel et, si nécessaire, avec du poivre rouge. Servez chaud.

54. Est-ce essentiel ?

☞ **J'entends parler très fréquemment des huiles essentielles dans les épices, les crèmes hydratantes, les produits d'aromathérapie. Qu'ont-elles d'essentiel ? Sont-elles essentielles au même titre que les acides aminés de notre régime alimentaire ?**

Non, pas du tout. Le terme « huile essentielle » n'est pas très bien choisi. Une huile essentielle n'est pas nécessairement une huile au sens chimique du terme. Elle peut même ne pas avoir une texture huileuse. Le terme « essentiel » ne signifie pas non plus qu'elles sont indispensables. Les services de communication des entreprises d'aromathérapie et de cosmétique, tirent parti de ce malentendu en présentant ces produits comme indispensables à notre santé et à notre beauté.

L'adjectif « essentiel » signifie que cette substance est l'essence aromatique ou, si vous préférez, le « concentré d'âme » de la plante.

Les huiles essentielles peuvent être obtenues dans la qualité la plus pure en utilisant l'une des techniques suivantes : la distillation à la vapeur d'eau (en faisant bouillir les plantes écrasées dans de l'eau et en condensant le mélange huile-vapeur d'eau), l'enfleurage (extraction dans la graisse froide); la macération (extraction dans la graisse chaude).

Si l'huile essentielle est appelée à affecter nos sens en tant que saveur ou parfum, il est nécessaire que les molécules constituantes soient légères (au poids moléculaire inférieur à 300 ou 400) de façon à ce qu'elles puissent flotter dans l'air et atteindre notre nez.

Lorsque nous consommons une épice, ces molécules « aériennes » peuvent atteindre le haut du nez soit directement par le nez soit par l'arrière de la bouche. Au passage de l'arrière-nez, ces molécules se fixent sur les récepteurs olfactifs qui excitent les cellules nerveuses qui, elles, perçoivent une odeur.

Ces signaux sont ensuite interprétés au niveau du cortex cérébral de même que les signaux gustatifs qui nous enverront une sensation que nous nommons « saveur ».

Bien que celle-ci soit habituellement localisée dans la bouche, où 70 à 85 pour cent de la saveur de nos aliments proviennent en fait de l'odorat. Voilà pourquoi on ne perçoit plus le goût des aliments lorsqu'on est enrhumé !

55. Attention ! Une Volkswagen dans le placard

☞ **Des punaises ont envahi mon poivre de cayenne et nagent apparemment comme poissons dans l'eau dans cette poudre épicée. Je n'en crois pas mes yeux ! Ont-elles envahi aussi mes autres épices plus douces, mon paprika, ma noix de muscade ? Non ! Rien que le poivre de cayenne ! Comment peuvent-elles supporter ce milieu pimenté ? C'est tout simplement dû à des différences biologiques qui peuvent être énormes entre espèces animales. Il n'y a d'ailleurs pas de raisons que les animaux aient le même comportement que les humains, même si les humains se comportent parfois comme des animaux !**

La sensation pimentée de poivre de Cayenne et d'autres piments forts est une caractéristique des produits nommés *capsaicinoïdes* qui irritent les muqueuses de la bouche des humains et autres mammifères. (Ils irritent aussi d'autres muqueuses, mais nous n'aborderons pas ce sujet.)

La sensation piquante provient de la stimulation des nerfs trijumeaux qui réagissent également à la douleur et à la chaleur. Les insectes n'ont pas de nerfs trijumeaux. Toutefois, leurs antennes réagissent à des stimuli que nous, les humains, n'imaginons même pas. Ne nous considérons donc pas comme très supérieurs aux insectes dans le domaine sensoriel.

Quelques espèces d'insectes infestent les épices et autres aliments secs. De toute façon, écartez toute épice qui serait infestée par ces petits « diables », avant qu'ils n'envahissent toute votre cuisine et même toute votre maison. Une fois, j'ai retrouvé des « lasiodermes du tabac » (*Lasioderna sercicorne*) se reproduisant dans un paquet de crackers importé. Ce fut un véritable cauchemar pour s'en débarrasser, car ils ont des ailes et volaient dans toute la maison, mangeant à peu près de tout, même, oui, même le tabac. Ils sont bruns, jaunâtres, longs de trois millimètres et ressemblent exactement à une Volkswagen, ancien modèle. Croyez-le ou non ! De nombreuses épices aujourd'hui sont irradiées avant d'être transportées. Cette irradiation tue les insectes et leurs œufs. Mais par précaution, je place toutes les épices importées dans mon congélateur, et cela durant trois à quatre jours. Cette technique tue les œufs de ces scarabées, mais n'a pas nécessairement le même effet sur d'autres espèces. Donc, ne vous y fiez point !

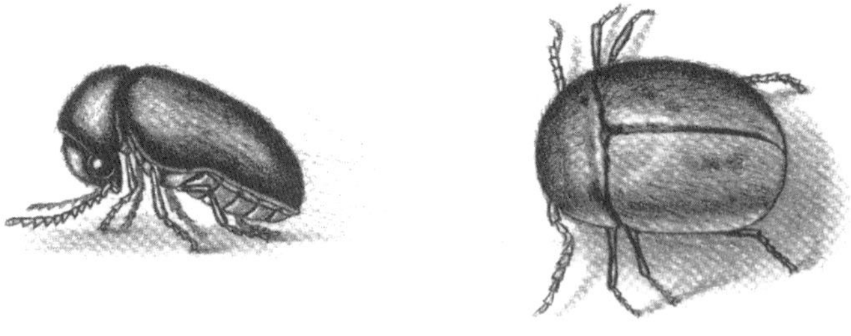

Le lasioderme du tabac, Lasioderma serricorne, un insecte que l'on trouve souvent dans les placards. Il se nourrit de tabac desséché, de reliures de livre et de feuilles. À l'état de larve, il se nourrit de céréales, de raisins, de dattes, de gingembre frais, de poivre noir, de poisson séché et de graines.

56. Poésie de la cuisine

☞ **Certaines recettes nous disent d'ajouter les épices ou les herbes en début de cuisson. D'autres proposent de les ajouter peu avant la fin de la cuisson. Y a-t-il une différence ? Si oui, pourquoi ?**

Oui. C'est capital !

Les sensations gustatives et olfactives de ces épices et de ces herbes dépendent de la quantité d'huiles essentielles que dégagent ces aromates et non du poids total de ces ingrédients. Ces aromates qui sont pulvérisés ou broyés dégagent volontiers l'huile essentielle, lorsqu'ils sont en contact avec le liquide chaud utilisé pour la cuisson. Toutefois, ces huiles essentielles s'évaporent rapidement au contact de la chaleur. Voilà pourquoi, on ajoutera les épices et les herbes délicates en fin de cuisson, plutôt qu'en début, sinon toutes les huiles essentielles s'évaporeront et parfumeront davantage la cuisine que le plat. En revanche, lorsque les épices sont entières, comme les grains de poivre et les baies, les essences se dégagent lentement et les épices seront donc ajoutées en début de cuisson.

Notons que la plupart des huiles essentielles sont volatiles et que les épices et les herbes ont donc tendance à perdre leur efficacité durant le stockage, à mesure que les huiles essentielles s'évaporeront lentement. Ainsi, les herbes fraîches seront toujours plus parfumées que les sèches. Même une faible température peut favoriser l'évaporation. Il est donc conseillé de ranger vos aromates dans un endroit frais surtout s'ils sont moulus.

La noix de muscade et le poivre noir seront achetés en noix et en grains et ne seront moulus qu'au moment de l'emploi, car ils sont particulièrement vulnérables.

Vous seriez surpris de voir combien d'épices et d'herbes sont inutilisables après un an voire moins surtout si elles sont moulues. Un bon conseil : étiquetez-les tout en mentionnant la date d'achat. Humez vos herbes et vos épices et s'il vous semble que le parfum a perdu d'intensité, c'est qu'elles ont perdu leur fraîcheur. N'hésitez pas à les remplacer par des plus fraîches ! Les herbes vertes comme l'estragon et le romarin s'affadissent fortement avec le temps. La noix de muscade et le poivre noir seront achetés entiers et moulus le jour de l'emploi. La capsaïcine, cet aromate « chaud » n'est pas très volatil. Vous pouvez évaluer la force d'un poivre en le humant.

Les grands amateurs vont plus loin : ils gardent leurs épices et leurs herbes au congélateur ou les cultivent eux-mêmes avec amour.

Kiosque des sciences

La bouche en feu

Les capsaicinoïdes présents dans les poivrons et les piments stimulent les mêmes terminaisons nerveuses de la bouche que la chaleur. Refroidir la bouche en sirotant des gorgées d'eau très froide est tout à fait inutile, car ils ne produisent pas de chaleur.

Les huiles de capsaïcine ne sont pas très solubles dans l'eau; toutefois, elles se dissolvent dans l'alcool. Hélas, la bière à 5 % ne contient pas assez d'alcool pour éliminer la sensation de brûlure de la langue. Heureusement, la tequila (qui titre 40 % d'alcool au plus) est à la fois meilleur et plus efficace lorsque l'on vous sert des plats exagérément épicés.

Le lait et sa crème sont encore plus efficaces que la tequila car leurs protéines (le plus souvent la caséine) sont attirées par ces huiles et les entraînent de force, un peu de la même façon que le savon oblige la saleté à partir.

Mais si vous ne pouvez remplacer la tequila par du lait (Aïe, caramba), mâchez un morceau de pain ou une tortilla qui absorbera et éliminera l'huile de votre langue. Et buvez de toute façon votre bière. Avez-vous besoin d'une excuse ?

D'où provient la chaleur ?

NOM	FAMILLE BOTANIQUE	PRODUIT PIQUANT
Clou de girofle	myrte	eugenol
Aneth	persil	carvone limonene
Gingembre	gingembre	gingembre
Raifort	moutarde	allyl isothiocyanate
Grain de Moutarde	moutarde	moutarde
Radis	moutarde	moutarde

Chapitre 11

Les micro-ondes mystérieuses

Jusqu'au début du XXe siècle, nous, les humains, devions faire du feu à chaque fois que nous voulions préparer un repas. Jour après jour, nous avons appris à faire du feu dans un âtre et même à le confiner dans des fours. Mais chaque cuisinier devait se procurer du combustible et y mettre le feu pour rôtir un porc ou même simplement pour chauffer de l'eau.

À présent, ceci n'est plus indispensable !

Que se passerait-il si l'on pouvait construire dans un endroit suffisamment grand, situé à l'écart de la pièce de séjour, un foyer énorme qui, d'une

façon ou d'une autre, pourrait capter l'énergie et la livrer directement dans des milliers de cuisines ? Eh bien ! À présent, cela est possible, grâce au miracle de l'électricité.

Il n'y a qu'une centaine d'années que l'on a découvert comment brûler d'énormes quantités de carburant dans une centrale et comment utiliser la chaleur dégagée pour produire de la vapeur qui génère à son tour de l'électricité. Cette énergie électrique est transportée via des fils de cuivre à des centaines de kilomètres de distance, approvisionne ainsi des milliers de cuisines dans lesquelles la chaleur servira à rôtir, griller, ébouillanter et cuire les aliments. Tout cela à partir d'un seul feu.

Cette « nouvelle » énergie a remplacé le gaz pour éclairer nos villes, nos routes et certains lieux publics. Puis, vers 1909, l'électricité a envahi nos cuisines. Les firmes General Electrics et Westinghouse commercialisent leurs premiers « grille-pain » électriques. Les fours, les réfrigérateurs et les cuisinières n'ont pas tardé à suivre. Aujourd'hui, on ne prépare quasiment plus un repas sans utiliser un four électrique, un fouet, un mixer, un moulin à café, un réfrigérateur, un grilloir, un chauffe-plats, un couteau électrique… (J'avais inventé une fourchette électrique pour aller avec le couteau électrique, mais ça n'a pas vraiment marché).

Peut-on considérer ceci comme l'ultime développement des énergies dont on fait usage en cuisine ? Il y a cinquante ans, cela aurait été le cas. Mais depuis, un tout nouveau mode de cuisson, sans feu, a été inventé; le four à micro-ondes. Il fonctionne suivant un tout nouveau principe que peu de gens comprennent.

Voilà pourquoi, il est craint. Certains ont encore peur et maltraitent leur four à micro-ondes qui, malgré son omniprésence, reste le plus déconcertant des appareils domestiques. Oui, il utilise de l'électricité, mais il chauffe les aliments d'une façon jamais vue, sans être chaud lui-même.

C'est la première nouvelle méthode de cuisson des aliments depuis plusieurs milliers d'années.

J'ai sans doute reçu plus de questions sur les fours à micro-ondes que sur n'importe quel autre sujet. Voyons ensemble certaines des plus fréquentes.

57. Du feu sans fumée

☞ Qu'est-ce qu'une micro-onde ?

De nos jours encore, les fours à micro-ondes suscitent tellement d'anxiété que l'on croirait avoir affaire à un réacteur nucléaire portatif. La situation n'est pas minimisée par les auteurs de livres de cuisine qui hélas confondent parfois radioactivité et micro-ondes. À vrai dire, ce sont des radiations. Toutefois, il faut savoir que la télévision se base aussi sur le captage de radiations et nous amène ainsi tous ces sitcoms insipides. Difficile de dire lesquelles il vaut mieux éviter. Les micro-ondes sont des radiations électromagnétiques qui consistent en ondes de pure énergie, voyageant dans l'espace à la vitesse de la lumière.

La lumière elle-même consiste en fait en ondes électromagnétiques de longueur d'onde plus courte et en énergie plus élevée que les micro-ondes. C'est cette longueur d'onde spécifique et l'énergie des radiations qui lui donnent des propriétés spécifiques. C'est la raison pour laquelle on peut cuire des aliments avec des micro-ondes mais pas avec la lumière.

Les micro-ondes sont obtenues par une sorte de tube sous-vide, appelé magnétron qui les rejette dans l'enceinte du four, une boîte hermétique en métal, dans laquelle les micro-ondes rebondissent aussi longtemps que le magnétron fonctionne. Les magnétrons sont évalués par la puissance des micro-ondes. Les micro-ondes sont des ondes électromagnétiques, tout comme les ondes radios, mais les micro-ondes ont une longueur d'onde plus courte et donc une fréquence plus grande et une énergie plus élevée. La puissance disponible est de l'ordre de 600 à 900 watts. (Notez que le nombre de watts est celui des micro-ondes produites et non le nombre de watts que consomme l'appareil, qui est plus élevé.)

Mais ceci ne dit pas tout. La puissance de cuisson d'un four à micro-ondes et donc la vitesse avec laquelle il réalise sa tâche dépendent du nombre de watts par centimètre cube d'espace dans le four. C'est ainsi que des fours différents ont une puissance de cuisson différente et qu'il est bon d'adapter les recettes en conséquence.

58. À table !

☞ Pourquoi les fours à micro-ondes cuisent-ils plus rapidement que les fours conventionnels ?

Afin de pouvoir chauffer un aliment, un four conventionnel (au gaz ou à l'électricité) doit chauffer à peu près 1 m^3 d'air (c'est ce qu'on appelle le préchauffage). Après quoi, l'air chaud transfère son énergie thermique aux aliments. Ceci est un processus très lent et très peu performant. En revanche, un four à micro-ondes chauffe l'aliment – et seulement l'aliment – en lui transférant directement l'énergie sans l'intermédiaire ni d'eau, ni d'air (comme quand on les fait bouillir).

Plusieurs livres de cuisine affirment que les micro-ondes cuisent aussi rapidement les aliments parce que les ondes sont si petites qu'elles se déplacent rapidement. C'est absurde.

Toutes les ondes électromagnétiques se déplacent à la vitesse de la lumière, quelle que soit leur longueur d'onde. Et le « micro » de micro-ondes ne veut pas dire « petit ». On les nomme micro-ondes, parce que ce sont des ondes radios ultracourtes.

59. La ronde des ondes

☞ Pourquoi met-on les aliments sur un plateau tournant durant la cuisson ?

Il est très difficile de concevoir un four à micro-ondes où l'intensité des micro-ondes serait uniformément répartie dans l'enceinte du four, ce qui assurerait une même puissance de chaleur, quelle que soit la localisation de l'aliment à l'intérieur du four. En outre, chaque aliment déposé sur le plateau du four aspire des micro-ondes en bouleversant dès lors l'uniformité de la répartition qui aurait pu s'établir.

La solution à ce problème est de mettre la nourriture en mouvement. La plupart des fours actuels ont un plateau tournant automatiquement. Si toutefois votre four ne possède pas de plateau tournant, n'oubliez pas d'arrêter le four et de faire tourner l'aliment à mi-parcours.

60. Ne vous emballez pas !

☞ Pourquoi ne peut-on mettre un récipient en métal dans le four à micro-ondes ?

De même que la lumière est réfléchie par les miroirs, de même les micro-ondes sont réfléchies par le métal. Le radar, une autre onde électromagnétique, se réfléchit sur votre voiture… avec quelquefois des conséquences fâcheuses ! Si vous placez dans votre four à micro-ondes un ustensile qui réfléchit trop de micro-ondes au lieu de les absorber, vous risquez d'endommager votre magnétron (qui délivre les ondes). Il faut toutefois veiller à mettre dans votre four quelque chose capable d'absorber les micro-ondes. Ne le faites donc pas fonctionner lorsqu'il est vide.

Hormis les ingénieurs, toute personne utilisatrice du four à micro-ondes s'interrogera sur son comportement imprévisible, lorsqu'il contient une pièce métallique. Les micro-ondes créent des courants électriques dans les métaux. Si l'objet métallique est très fin, il se peut qu'il ne résiste pas au courant. Il rougira à la chaleur et fondra comme un fusible. Si l'objet métallique est pointu, il peut se comporter comme un paratonnerre, concentrer tellement d'énergie au niveau des pointes qu'il enverra des étincelles. (Les petits cordons en métal entourés de plastique sont à la fois fins et pointus. Faites-y attention !)

Mais comme il est difficile de prévoir quelle forme et quelle taille sont sans danger, le meilleur conseil à vous donner est de ne jamais introduire d'objet métallique dans votre four à micro-ondes. Ceci vaut aussi pour des plats ou des coupes décorés avec des motifs dorés ou argentés.

61. Plus chaud que prévu

☞ Pourquoi certains récipients garantis micro-ondes sont-ils malgré tout brûlants à la sortie du four à micro-ondes ?

La « garantie micro-ondes » signifie seulement que le récipient ne s'échauffera pas par absorption directe de micro-ondes. Toutefois, les aliments absorberont cette énergie et se réchaufferont, et une partie importante de cette chaleur absorbée sera ensuite transmise au récipient. Celui-ci sera d'autant plus chaud que les aliments qu'il contient absorbent mieux l'énergie des micro-ondes et que le transfert se fera plus facilement. Ceci dépend essentiellement d'un matériau à l'autre et ici de la composition du matériau du récipient.

Un conseil amical : utilisez toujours des maniques pour sortir un plat de votre four à micro-ondes. Soyez prudent en enlevant le couvercle : la vapeur résiduelle peut être brûlante.

62. Métamorphose spectaculaire

☞ Les micro-ondes ont-elles le pouvoir de modifier la structure des aliments ?

Oui, tout à fait ! Le processus est nommé « la cuisson ». Or, toutes les méthodes de cuisson entraînent des changements chimiques et moléculaires de nos aliments. Même, un œuf cuit a une composition chimique différente de celle d'un œuf cru !

63. Avis aux chercheurs

☞ **Les micro-ondes détruisent-elles les nutriments des aliments ?**

Jusqu'à présent, aucune méthode de cuisson n'a détruit les minéraux, mais… la chaleur détruit par exemple la vitamine C et cela quel que soit le mode de cuisson de l'aliment.

Comme la chaleur n'est pas uniformément répartie dans le four, une partie de la nourriture peut être soumise à une température plus élevée qu'avec d'autres méthodes, ce qui peut entraîner la possibilité de destruction de vitamines.

Mais, alors même si les micro-ondes détruisaient toutes les vitamines X de votre mets, il n'y aurait pas pour autant un quelconque inconvénient de manger occasionnellement un mets qui ne contient pas cette vitamine. Une diététique équilibrée n'exige pas qu'à chaque repas toutes les vitamines et tous les minéraux soient présents.

64. Soyons prudents !

☞ **Quels sont les matériaux qui permettent la confection de récipients adaptés à la cuisson au four à micro-ondes ?**

En principe, la réponse est simple : les matières dont les molécules ne sont pas des dipôles (molécules dont les deux extrémités portent des charges électriques égales mais opposées, les unes positives, les autres négatives) et qui n'absorbent pas les micro-ondes. Ces molécules ne seront pas bousculées par les micro-ondes et ne risquent pas de chauffer les récipients. Mais, en pratique, la réponse n'est pas si simple.

Comme les fabricants ne nous donnent que très rarement l'information utile, nous ne pourrons vous communiquer que quelques principes de base.

Les métaux : nous vous avons expliqué précédemment (question 60) pourquoi il faut éviter de mettre un plat en métal au four à micro-ondes.

Le verre et ***le papier*** : les pots en verre standard, généralement utilisés dans la cuisine, le papier, le parchemin sont tous sans danger. Ils n'absorbent pas les micro-ondes. Le cristal, décoré ou non, est un verre qui contient beaucoup de plomb. Il absorbe donc les micro-ondes dans une certaine mesure et peut s'échauffer. Si la pièce en cristal est imposante, la chaleur qui se concentre dans le four peut créer des contraintes et la fêler. Le mieux est de ne pas prendre le risque.

Les plastiques : la plupart des plastiques n'absorbent pas les micro-ondes. Toutefois, ils réchauffent à ce point les aliments que les récipients, quels qu'ils soient, seront brûlants. Certains plastiques légers, tels ceux des sacs à provisions en matière plastique et les boîtes en polystyrène peuvent fondre à la chaleur du contenu. Les boîtes et emballages prévus pour le congélateur peuvent être déformés.

N'en avez-vous pas encore fait l'expérience ?

La céramique : les coupes en céramique sont généralement compatibles et pourtant certaines contiennent des minéraux qui absorbent les micro-ondes et s'échauffent. Si vous avez un doute, mettez l'objet en question dans votre micro-ondes avec un verre rempli d'eau. Si vous constatez que le récipient s'échauffe, concluez qu'il n'est pas compatible. Et pour nous compliquer la vie, il se peut que certains récipients en terre cuite se fendent dans le four. Si la glaçure s'est abîmée au cours du temps, l'eau peut s'infiltrer dans les pores de la glaçure. L'eau piégée va bouillir et la pression de vapeur sera suffisante pour fendre la coupe à laquelle vous tenez. Ceci n'arrive que rarement. mais ne vaut-il pas mieux, dans ce cas, de ne pas abîmer cet objet de famille dans le four à micro-ondes ?

ZAPPEZ VOTRE SOUPE
POTAGE ESTIVAL VERT DE JADE

En matière de soupes froides, il n'y a pas que la vichyssoise et le gaspacho. La soupe de Jade verte est tout aussi rafraîchissante.

Pas la peine de faire cuire cette soupe pendant des heures. Grâce à la magie du four à micro-ondes, cela ne prend qu'un quart d'heure. Il se pourrait qu'elle ait été créée par une paysanne souhaitant faire usage des trésors estivaux de son jardin potager.

La meilleure façon de servir cette soupe, c'est de la mettre dans un bol blanc ou très coloré et de la garnir d'herbes fraîches hachées. Elle est très pauvre en calories mais pourquoi ne pas en rajouter ? Ajoutez un soupçon d'huile d'olive extra-vierge ou une cuillerée de crème pour arrondir les saveurs.

Ingrédients pour 6 personnes

- un litre de bouillon de poule
- 200 grammes de petits pois
- une poignée de salade romaine hachée
- 200 grammes de courgettes crues hachées
- 200 tasses de pois frais ou surgelés
- 100 grammes de céleri haché
- 100 grammes de poireau (le blanc et le vert)
- du persil haché
- du sel et du poivre noir moulu
- des herbes fraîches hachées
- de l'huile d'olive ou de la crème (éventuellement)

1. Mettez le bouillon de poule, la salade, les courgettes, les pois, le céleri, le poireau et le persil dans un grand saladier en verre. Couvrez et passez au four à micro-ondes pendant 15 minutes, jusqu'à ce que les légumes se soient attendris.
2. Le mélange sera très chaud. Sortez-le du four avec précaution et laissez-le refroidir un peu puis passez-le au mixer tasse par

tasse. Assaisonnez généreusement avec le sel et le poivre car, lorsque la soupe sera froide, les saveurs seront moins prononcées. Servez le potage dans de petits bols et mettez-les au réfrigérateur après les avoir laissés refroidir (pour ne pas réchauffer les autres aliments). Servez bien frais.

3. Agrémentez vos bols avec les fines herbes fraîches. Ajoutez éventuellement une cuillerée d'huile d'olive ou de crème.

Note : si vous cuisez la soupe sur une plaque, mélangez le bouillon et les légumes dans une grande casserole et laissez mijoter en couvrant partiellement pendant 15 à 20 minutes. Reprenez ensuite la recette à l'étape 2 de la recette ci-dessus.

Kiosque des sciences

La cuisson au four !

Nous considérons la température du four comme étant la variable principale à prendre en compte pour déterminer le temps de cuisson d'un cake ou de tout autre aliment...

Quoique d'une importance primordiale, la température n'est qu'un des facteurs à considérer. Même si la température du four est exactement la même, la quantité d'énergie thermique que les aliments à cuire reçoivent ou absorbent n'est pas nécessairement la même.

La « température du four » nous renseigne sur la température de l'air à l'intérieur de l'enceinte et c'est cela que contrôle le dispositif de réglage (thermostat). Mais dès que l'air atteint une certaine température, la chaleur de l'air sera transmise à l'aliment par l'une de ces trois voies : la conduction, la convection et le rayonnement.

▶ La Conduction

Lorsque deux substances de températures différentes sont en contact (par exemple l'air dans un four chaud et la surface d'un aliment), un flux de chaleur passera de l'air chaud vers l'aliment lui-même plus froid par un processus de conduction. Tout comme l'eau d'une cascade aura tendance à dévaler, la chaleur passera de la haute température (de l'air) vers la basse température (de l'aliment).

Ce processus d'écoulement est nommé **conduction**.

L'énergie thermique est conduite de l'air chaud vers l'aliment en traversant un interface par collisions moléculaires successives (en réalité, on définit la température comme fonction de la moyenne de l'énergie de mouvement ou énergie cinétique de la molécule).

Lorsque la collision se passe entre les molécules d'air et les molécules d'aliment, celles-ci sont poussées à adopter une plus grande vitesse, comme une queue de billard qui disperse un casier entier de boules de billard.

Mais la conduction est inefficace. Les molécules d'air sont distantes les unes des autres comme elles le seraient dans l'espace planétaire (toutes proportions gardées).

Ainsi, les chances que la molécule d'air chaud se heurte à la surface d'un moule à cake ou à un gril sont faibles.

La conduction de la chaleur est entièrement différente lorsque deux solides sont en contact, comme par exemple votre main posée sur le manche de la poêle à frire.

Vous pouvez mettre sans crainte la main dans un four à 93 °C et cela durant quelques secondes parce que la conduction air-main est extrêmement lente. Mais n'essayez pas de tremper votre main dans l'eau à 93 °C. L'eau est un meilleur conducteur de chaleur parce que ces molécules sont plus proches les unes des autres que ne le sont les molécules d'air.

Les métaux sont les meilleurs conducteurs.

Pourquoi ?

Les électrons sont, dans la plupart des matériaux, des constituants de molécules individuelles, mais les métaux ont des électrons qui appartiennent à toutes les molécules simultanément.

Nous pouvons imaginer des atomes de métal enchâssés dans un essaim ou dans une mer d'électrons appariés comme des raisins dans un flan d'électrons.

Lorsque le métal rencontre des molécules agitées d'une substance chaude, c'est l'essaim d'électrons qui transfère l'agitation – la chaleur – rapidement à toutes les autres parties du métal. Cela, c'est la conduction de la chaleur.

Néanmoins, dans un four, deux autres mécanismes de transmission de la chaleur interviennent, plus efficacement que la conduction. C'est la convection et le rayonnement.

▶ La convection

Des conditions variables à l'intérieur du four, tout comme une inévitable inégalité de température d'un endroit à l'autre, font bouger l'air.

Pourquoi ? Parce que des « pans entiers » d'air plus chauds montent, tandis que les « pans entiers » plus froids descendent, créant une sorte de circulation que l'on nomme **courants de convection**.

Cette circulation stimule l'efficacité du transfert de chaleur entre l'air et l'aliment car cela augmente le nombre de contacts entre l'air chaud et l'aliment à l'intérieur de l'enclos du four.

Un four à convection augmente cet effet au moyen d'un ventilateur qui fait circuler soit l'air interne du four, soit de l'air chauffé et pulsé provenant de l'extérieur. Cela procure une meilleure performance de transfert et une cuisson plus rapide.

Voilà pourquoi une bonne pratique est de baisser la température aux environs de 14 °C lorsqu'on emploie un four à convection plutôt qu'un four traditionnel.

▶ Le Rayonnement

Le troisième mécanisme par lequel les aliments se réchauffent au four est l'absorption de rayonnement.

L'élément chauffant du four, la flamme, les parois et le fond sont chauds. Ce sont eux qui sont responsables de l'obtention d'air chaud – et toutes les choses chaudes irradient un rayonnement infrarouge. En fait, tous les matériaux, quelle que soit la température, émettent un peu d'énergie, sous forme de rayonnement infrarouge.

Pour un objet donné, plus il est chaud, plus il émet du rayonnement infrarouge. Lorsque le rayonnement infrarouge provient des parois chaudes et que l'air chaud heurte les aliments, les molécules d'aliments l'absorbent et se meuvent avec une énergie accrue.

Ce qui veut dire qu'elles deviennent plus chaudes.

Le rayonnement infrarouge n'est pas de la chaleur (or bien des traités vous le diront ainsi). C'est un rayonnement électromagnétique, tout comme la radio, le radar et les micro-ondes qui possède exactement la longueur d'onde pour être absorbé par un grand nombre de variétés de molécules qui de ce fait deviennent plus énergétiques et plus chaudes.

Je nomme le rayonnement infrarouge « chaleur en transit », parce qu'il est émis par un matériau chaud et voyage à travers l'espace, encore qu'il ne se retransforme pas en chaleur tant qu'il n'est pas absorbé par une autre matière.

Chapitre 12

L'équipement ménager

Les cuisiniers d'aujourd'hui, ont, comme d'autres artistes, des ustensiles de travail qui leur sont propres. Cet arsenal facilite les tâches anciennes et rend possibles de nouvelles tâches.

Les cuisines d'aujourd'hui abritent tout un ensemble d'appareils mécaniques et électriques qui vont du mortier et du pilon les plus simples, aux fours et cuisinières les plus sophistiqués.

Nous avons tellement progressé depuis le feu de bois, les pierres chaudes, et la poterie d'argile (les archéologues du futur déterreront-ils des fours à pain du début du XXIe siècle ?) que nous ne savons pas toujours comment fonctionnent nos appareils. Nous les utilisons bien ou mal, souvent sans bien les comprendre.

Les fours à micro-ondes ne sont que le début d'une nouvelle génération d'appareils. Nous verrons, chemin faisant, comment utiliser nos bonnes vieilles poêles à frire, notre réfrigérateur, notre presse-agrumes, et bien d'autres choses encore à découvrir et qui se passent dans ces lieux magiques que sont nos cuisines.

65. Juste à temps !

☞ **Bien souvent, nos recettes mentionnent de faire rôtir un aliment durant un certain temps et de tester le degré de cuisson peu avant la fin pour s'assurer que c'est prêt. Mon expérience me prouve que c'est rarement le cas. L'auteur de la recette ne pourrait-il pas donner la durée précise de cuisson ?**

La réponse est brève et ne vous satisfera pas ! Non ! Il y a vraiment trop de paramètres non contrôlés.

La cruelle vérité est que lorsque la recette suggère de rôtir à *x* degrés durant *y* minutes, ce n'est qu'une indication, un temps approximatif. C'est ce qui a marché pour les fées qui ont testé la recette, mais cela ne sera peut-être pas pareil pour vous !

Hormis peut-être dans les laboratoires de recherches alimentaires, il n'existe pas de cuisine standard disposant d'une grille standard placée à une hauteur standard dans un four standard qui peut être régulé à une température standard. Chacun de ces facteurs peut varier et modifier les résultats, même si tous les autres paramètres sont par ailleurs semblables.

Mais la loi de perversité persuasive de Wolke nous enseigne que « toutes les choses différentes ne sont jamais égales ».

On ne peut pas dire qu'un rôti de bœuf ou de porc, ou un poulet met tant de minutes par kilogramme à cuire à telle température. Même si l'on pouvait contrôler tous les autres facteurs de façon magique, la seule variable que l'on ne peut pas contrôler, la *forme* de ce que vous voulez faire cuire, est la plus importante de toutes. Pas son poids, sa *forme* : c'est elle qui détermine la superficie de la viande exposée à la chaleur du four. La chaleur ne peut pénétrer dans votre viande que par cette surface; ainsi, plus votre rôti a une grande surface par rapport à son poids et plus vite il cuira.

Prenons un exemple. Deux rôtis de même poids, donc de même volume, sont cuits dans le même four. Le premier est de forme sphérique, le second de forme cubique. Le rôti cubique a une superficie de 24 pour cent supérieure à celle du rôti sphérique (c'est de la géométrie, non ?). Le rôti cubique rôtira et sera prêt en un temps de cuisson moindre de 24 pour cent par rapport à celui du rôti sphérique. Le rôti cubique est plus exposé à la chaleur du four que le rôti sphérique. Le temps nécessaire de cuisson n'est pas uniquement une question de poids mais aussi une question géométrique. Le temps de cuisson du rôti en forme de cube sera donc approximativement les 75 pour cent du temps de cuisson du rôti en forme de sphère et de poids identique.

66. Au poil !

☞ **Je veux acheter une poêle à frire de *très bonne qualité*. Mais, il y a un tel choix de métaux et de revêtements de surface que je n'arrive pas à choisir. Que dois-je prendre en considération ? Quelle est la meilleure poêle ?**

Tout d'abord, soyez prêt à délier les cordons de votre bourse ! Car la qualité se paie. Il faut vouloir y mettre le prix !

La poêle à frire idéale répartit la chaleur du brûleur uniformément sur toute la surface; transfère cette chaleur rapidement à l'aliment; répond rapidement aux variations de chaleur. Il faut donc tenir compte de deux qualités : l'épaisseur de la poêle et sa capacité à conduire la chaleur efficacement.

Pour répondre à vos attentes, cherchez une poêle épaisse en métal bien calibré car plus ce métal est massif, mieux il répartit la chaleur. Si, dans une poêle très chaude mais fine, vous mettez des ingrédients qui sont à température ambiante, ceux-ci peuvent dérober suffisamment de chaleur à la poêle et donc au métal, de sorte que la température de celui-ci diminue jusqu'à se situer en dessous de la température optimale de cuisson des ingrédients. De plus, la chaleur délivrée par les brûleurs traverse une poêle fine très vite sans se répartir, ce qui peut faire brûler certaines parties des aliments. En revanche, une poêle épaisse a suffisamment de réserves de chaleur ou d'inertie pour maintenir une température de cuisson stable malgré ces vicissitudes.

Donc, le problème crucial d'une poêle à frire en métal est sa capacité de conduire la chaleur. En langage scientifique, on dira qu'elle doit avoir une conductivité thermique élevée. Cela repose sur trois raisons.

Tout d'abord, vous voulez une poêle qui transmet la chaleur du brûleur rapidement et efficacement à la nourriture. Vous auriez du mal à faire frire dans une poêle en verre ou en porcelaine qui sont des conducteurs de chaleur particulièrement lents.

Ensuite, vous désirez que toute la surface de la poêle soit à la même température de façon telle que toute la nourriture soit traitée de la même façon et cela malgré l'irrégularité de la température du brûleur. Les brûleurs à gaz comportent, quant à eux, des petites langues de feu séparées mais chevauchantes, à différents endroits du fond de la poêle; les brûleurs électriques sont des serpentins de métal chaud entrecoupés d'espaces plus froids. Un fond de poêle épais et bon conducteur pourra rapidement gommer ces irrégularités.

Enfin, vous voulez que la poêle réponde rapidement aux modifications d'intensité des brûleurs, que vous augmentiez le feu ou que vous le baissiez. Oui, c'est une bataille constante pour garder les aliments chauds et sans les brûler, alors qu'on les frit ou qu'on les saute. Un ajustement fréquent du brûleur s'impose. Une poêle en métal conduisant très bien la chaleur réagira rapidement à ces modifications.

Mais alors… dites-moi quel est le meilleur métal ? Le gagnant est… l'argent. La meilleure poêle au monde aurait un fond épais en argent, le métal qui conduit la chaleur mieux que tout autre.

Vous ne pouvez pas vous permettre d'acheter une poêle à frire en argent massif ? Il y a heureusement un autre métal presque aussi bon que l'argent : le cuivre qui transmet 91 pour cent de la chaleur. Toutefois, le cuivre dans l'alimentation est toxique et donc insalubre; aussi l'intérieur de la poêle devra être recouvert d'un métal moins toxique. L'étain fut la roue de secours durant de nombreuses années, mais il est mou et fond déjà aux environs de 230 °C. La technologie métallurgique actuelle est parvenue à allier le nickel à l'acier inoxydable en fines couches couvrant l'intérieur des poêles et des casseroles.

Selon moi, vous ne pourriez trouver mieux qu'une lourde poêle à frire en cuivre recouverte intérieurement de nickel ou d'acier inoxydable. Malheureusement, vous aurez à mettre en gage votre wok pour pouvoir en acheter une. C'est l'ustensile le plus cher, le cuivre étant plus coûteux que l'aluminium ou l'acier inoxydable. C'est un métal très dur à travailler et y lier de l'acier inoxydable ou du nickel n'est pas facile à faire passer à grande échelle.

Quel est alors le meilleur métal après ceux-là ? L'aluminium. Il est bon marché, même s'il ne conduit que 55 pour cent de la chaleur que l'argent aurait conduit. Il ne doit pas être de reste sur le plan de la transmission de chaleur. Une lourde poêle en aluminium peut donner de bons résultats pour faire frire ou sauter. Elle a l'avantage de peser trois fois moins lourd qu'une poêle en cuivre équivalente.

Mais… (il y a toujours un « mais »), l'aluminium subit les attaques des aliments acides. C'est la raison pour laquelle on le recouvre en général d'acier inoxydable et d'un alliage de 18 pour cent de chrome et 10 pour cent de nickel. Une autre façon de résoudre le problème de l'aluminium et de sa relative mollesse est de couvrir la poêle d'une couche d'acier inoxydable. Un inconvénient est que l'aluminium se raye facilement et les aliments restent collés à la poêle dont la surface est rayée.

Au bas de l'échelle de qualité, on retrouve l'acier inoxydable qui est le plus mauvais conducteur de tous les matériaux. Il ne transmet que 4 pour cent de la chaleur normalement transmise par l'argent pur. La poêle peut être belle et reluisante quand elle est neuve, mais elle vieillit mal. Elle prétend ne pas se corroder, ni de se ternir à l'usage, mais c'est bien ce qui se produit. Or, le sel la pique, la troue ensuite et elle se décolore à haute température.

Les caractéristiques positives du cuivre, de l'aluminium et de l'acier inoxydable peuvent se combiner pour recouvrir les métaux. Les poêles des chefs, par exemple, ont une base d'aluminium en sandwich entre deux couches d'acier inoxydable. Ou bien, autre possibilité : une base de cuivre couverte d'une couche d'aluminium et d'une autre couche d'acier inoxydable.

Finalement, la moins chère de toutes les poêles appartient à une classe à part. Ce sont les vieilles poêles noires en fonte avec lesquelles les femmes poursuivent leurs maris dans les bandes dessinées. Elles sont épaisses et lourdes (le fer est presque aussi dense que le cuivre) mais conduisent mal la chaleur : cinq fois moins bien que l'argent.

67. Trop de précaution nuit...

☞ **Quand je mets du beurre dans un beurrier en verre dans le compartiment réservé au réfrigérateur, il se recouvre d'une mince pellicule jaune foncée et prend un goût rance. Peut-on l'éviter ?**

Vous pensez certainement avoir bien, non ? Eh bien, le plus mauvais endroit pour conserver le beurre c'est un beurrier et le plus mauvais endroit où mettre le beurrier est le compartiment dédié du réfrigérateur.

Les beurriers ont été conçus pour faciliter le service du beurre et non pour le conserver. Comme le beurrier n'est pas hermétique, la surface est toujours exposée à l'air et elle peut s'oxyder et rancir. Il faudrait supprimer les compartiments à beurre des réfrigérateurs. Il existe aussi des réfrigérateurs dans lesquels sont placés de petits radiateurs qui veillent à garder le beurre à une température légèrement supérieure afin qu'il soit facile à tartiner. Mais ce peu de chaleur suffit à accélérer l'oxydation de la graisse.

Pour ma part, je mets le beurre au freezer, emballé dans du plastique. Oui, il est dur comme la pierre lorsque je veux l'utiliser, mais un bon couteau bien aiguisé peut en découper un morceau qui ramollira assez rapidement.

68. Magnétisme culinaire

☞ **Mes voisins ont récemment installé une nouvelle cuisine et ont opté pour des plaques de cuisson à induction. Pouvez-vous m'en expliquer le fonctionnement ?**

Les fours à micro-ondes furent la seule nouvelle méthode de cuisson depuis plus d'un million d'années. Maintenant il y en a une deuxième : le chauffage par induction magnétique. Utilisée à la fin du XXe siècle dans certaines cuisines européennes et japonaises, cette technique fut récemment commercialisée en Amérique et se développe à présent dans nos habitats.

Les cuisinières électriques se différencient des cuisinières à induction en ce sens que la plaque électrique génère la chaleur à partir de la résistance électrique du métal (le serpentin du brûleur), alors que la plaque à induction génère de la chaleur grâce à la résistance magnétique du métal, le métal de la casserole elle-même. Voici comment cela fonctionne. En dessous de la surface en vitrocéramique des plaques de vos voisins, sont placées plusieurs bobines de fil métallique semblables à celles que l'on trouve dans les transformateurs. Elles portent le nom d'« inducteurs magnétiques ».

Lorsqu'un bouton de commande est enclenché, le courant alternatif domestique se met à parcourir le circuit. Pour des raisons que nous ne développerons pas ici (car même Einstein aurait éprouvé des difficultés à l'expliquer !), à chaque passage d'électricité dans la bobine, celle-ci se comporte comme un aimant avec un pôle nord et un pôle sud. Or, le courant alternatif s'inverse 120 fois par seconde, donc l'aimant inversera sa polarité également 120 fois par seconde.

Jusqu'ici, nous n'avons aucune preuve visible qu'il se passe quoi que ce soit dans la cuisine : on ne voit rien, on ne sent rien, on n'entend pas le champ magnétique et la plaque en vitrocéramique est toujours froide.

Posons à présent une casserole en métal (disons « en fer », pour simplifier) sur la bobine. Le champ magnétique alternatif magnétisera « le fer » dans une direction puis dans l'autre, changeant la polarité dans un sens, puis dans l'autre, 120 fois par seconde. Mais le fer ne change pas facilement de polarité et résiste de façon importante à ces vacillements. Cela entraîne une perte importante d'énergie magnétique, énergie qui se manifeste sous forme de chaleur dans le fer. Ainsi, seule la poêle chauffe. Il n'y a pas de flamme ni de résistance chauffée au rouge : la plaque reste froide.

Tous les métaux magnétisables (en langage scientifique : métaux ferromagnétiques) seront chauffés lorsque s'enclenchera le processus d'induction magnétique. Le fer subira cet échauffement, qu'il soit émaillé ou non. L'acier inoxydable est magnétisable, à l'exception de certaines variétés. Mais, l'aluminium, le cuivre, le verre, la céramique ne le sont pas. Pour savoir si un ustensile peut être utilisé sur une plaque à induction, prenez l'un de ces petits aimants que l'on a l'habitude de « coller » sur le réfrigérateur. Essayez de le coller sur le fond de votre casserole vide. Si vous réussissez à coller l'aimant, vous pourrez utiliser la casserole en question sur vos plaques à induction.

Si vous n'avez pas de casseroles en métal ferromagnétique, prévoyez, en plus du coût des plaques à induction, d'acquérir une nouvelle batterie de casseroles compatible avec les plaques. Cela vaut la peine d'y penser !

69. Voyage surprise

☞ Lorsque nous voyageons à l'étranger à destination des États-Unis, nous n'avons pas le droit d'apporter des plantes ou de la nourriture et cela pour des raisons de santé publique. Ces articles ne sont-ils pas stérilisés lorsque, passant à la sécurité aéroportuaire, ils sont soumis aux rayons X ?

Non ! Les rayons X de la sécurité aéroportuaire ne sont pas suffisamment intenses pour tuer les insectes, parasites et autres intrus.

Les radiations utilisées pour stériliser et préserver les aliments sont des millions de fois plus intenses.

70. Oser le progrès

☞ L'irradiation des aliments est très controversée. Est-ce vraiment sans danger ?

Peut-on vraiment prouver l'innocuité absolue de quelque chose ? Lisez simplement la notice qui se trouve imprimée en tous petits caractères sur tout emballage de médicaments et qui met en garde contre les effets secondaires possibles.

On n'aurait pas de médicaments si notre critère était la « sécurité absolue ». Comme l'indique James B. Kaper, professeur de microbiologie et d'immunologie à la Maryland School of Medicine, qui a assisté aux effets dévastateurs de la bactérie *Escherichia coli* qui a empoisonné de nombreux enfants : « On peut peut-être faire le lien entre des mauvais effets mineurs de l'ingestion d'aliments irradiés.

Mais beaucoup de gens, en particulier des enfants sont morts à cause d'*E. coli* alors qu'ils en auraient été protégés par une irradiation des aliments. »

La vie donne lieu à une continuelle analyse des risques et des bénéfices. Toutes les avancées technologiques génèrent un certain risque. Jusqu'à la fin du XIXe siècle, par exemple, nous n'avions pas d'électricité dans nos maisons. Dans la dernière décennie du XXe siècle, le nombre de décès par électrocution a augmenté du fait de l'introduction dans la vie courante des appareils électriques, comme les lampes, les interrupteurs, les télévisions, les sèche-cheveux, etc. de même qu'à la suite de plusieurs milliers de feux d'origine électrique.

Nous déplorons et acceptons à la fois ces conséquences au vu des bénéfices énormes qui ont compensé les risques de l'électricité.

De même, nous devons aussi comparer les risques de la conservation de la nourriture par rapport à la destruction des mauvaises bactéries, des insectes et des parasites.

71. Le verre est vide ? Je le plains !

☞ **J'ai observé un phénomène curieux ! Après avoir vidé un carton de lait ou de jus d'orange, je parviens chaque fois, en le reprenant un peu plus tard, à en retirer encore un peu de boisson. Que se passe-t-il ?**

Ainsi, vous aussi l'avez remarqué ! Ceci se passe chaque fois que vous avez vidé le carton, la bouteille, le pot à lait et tout autre contenant de liquide.

Sans aucun doute et de bonne foi, vous supposez vider le contenant de son contenu…

Or, le liquide rencontre des aspérités et des endroits plus rugueux. Ceux-ci freinent le parcours de petites gouttelettes de liquide qui restent dès lors coincées aussi longtemps que le contenant reste penché.

Mais, rendez à ce dernier la position verticale. Les gouttelettes glissent le long des flancs vers le fond de la carafe, de la bouteille ou du carton pour rejoindre leurs semblables. Là, elles se regroupent. Cette massification facilitera leur parcours le long du contenant, lorsque la bouteille, le carton… se pencheront à nouveau et certaines d'entre elles franchiront les obstacles du parcours.

72. Histoire juteuse

☞ **Pour faire une tarte au citron, j'utilise du jus de citron fraîchement pressé. Mais, j'ai l'impression d'en gaspiller, car je n'arrive pas à en extraire la totalité du jus. Y a-t-il un moyen de tirer le maximum de jus de chaque citron ?**

On peut lire dans les livres de cuisine ou dans les magazines qu'il faut rouler très fermement le citron sur le plan de travail de la cuisine. D'autres recommandent de passer les citrons dans le four à micro-ondes durant une minute. Tout ceci semble parfaitement raisonnable, mais je me suis toujours demandé si ça marchait.

Un jour, j'ai eu l'occasion de vérifier par moi-même : mon ami Jacques, qui adore faire des affaires, avait découvert que notre supermarché liquidait le surplus d'un stock de citrons et les vendait à raison de 20 pièces pour 1 euro. Amateur de margaritas, il en avait acheté 40 et m'appela pour m'annoncer la nouvelle.

J'avais enfin la chance de pouvoir faire l'expérience que je rêvais de faire depuis bien longtemps. Toutefois, ma longue expérience de scientifique m'avait appris que j'aurai du mal à obtenir les fonds nécessaires pour réaliser cette expérience. J'ai donc puisé dans mes fonds propres pour y prélever 4 euros, ce qui m'a permis d'acheter des citrons sans faire d'appel d'offres ni remplir de facture. J'ai personnellement livré le tout à mon labo – euh, ma cuisine – avec ma Toyota. C'était de gros citrons verts.

Mon but était le suivant : je voulais découvrir si, en réchauffant les citrons dans un four à micro-ondes ou en les faisant rouler sur le plan de travail avant d'en extraire le jus, je pourrais obtenir plus de jus. J'ai toujours douté de ces recommandations qui, comme beaucoup de « trucs » de ce style, n'ont aucune base scientifiquement prouvée. J'ai voulu, quant à moi, les tester avec toute la rigueur d'une recherche scientifique. Je l'ai fait et les résultats vont vous surprendre.

Voici donc, dans le style d'un cahier de laboratoire, les notes telles qu'on m'a appris à les collecter en baccalauréat en sciences.

Expérience n° 1

Procédure

Je constitue 4 groupes de 10 citrons chacun :

- le premier groupe est passé au four à micro-ondes (800 watts) durant 30 secondes;
- un deuxième groupe est roulé fermement avec la paume de la main sur la table de ma cuisine;
- un troisième groupe est à la fois roulé et passé au four à micro-ondes;
- le quatrième groupe est resté intact, c'est le groupe de contrôle, l'étalon.

Ensuite :

- j'ai pesé chaque citron;
- je les ai traités (si nécessaire) comme décrit ci-dessus;
- je les ai coupés en deux;
- j'ai extrait le jus au presse-agrumes électrique;
- j'ai mesuré la quantité de jus;

– j'ai comparé le rendement en « millimètres de jus » par gramme de fruit.

Je vous épargne les détails de la mesure des poids, volume et température ainsi que de l'analyse statistique des résultats.

Résultats et discussion

Je pose comme hypothèse que l'extracteur de jus extrait l'entièreté de tout le jus que possède le citron. On constate qu'il n'y a pas de différence notoire entre les 4 groupes de citrons.

Ni le passage au four à micro-ondes, ni le fait de rouler le citron, ni la combinaison des deux façons de faire (chauffer et rouler) ne produit une augmentation du rendement de jus.

Mais, en réalité, pourquoi la quantité de jus devrait-elle augmenter ? Un fruit contient une certaine quantité de jus qui dépend de sa variété, des conditions de croissance et des traitements subis après cueillette.

Alors, pourquoi pourrait-on espérer augmenter la quantité de jus en le chauffant ou en le malaxant ?

Conclusion, cette question posée au départ de l'expérience fait partie d'un certain folklore. Actuellement, j'ai prouvé que c'est un non-sens. On a supposé comme préalable que l'extracteur devrait virtuellement extraire tout le jus du citron.

Il se pourrait que le passage au four à micro-ondes ou le fait de rouler le citron facilite l'extraction du jus. Si vous le pressez à la main, vous pourriez récolter plus de jus si la pression manuelle est plus intense.

Expérience n° 2

Procédure

Comme décrit ci-dessus, je divise les citrons (acquis pour 4 euros) en 4 groupes. Mais cette fois-ci, je les presse à la main en appuyant aussi fort que possible. Bien évidemment, en moyenne, j'obtiens moins de jus, moins des deux tiers de ce que j'obtenais à la machine. Un homme plus fort en récoltera davantage. Malgré tout, je me félicite car j'ai constaté que la force de ma main droite excède celle d'une cuisinière moyenne.

Résultats et discussion

La pression manuelle utilisée pour extraire le jus du citron, fraîchement sorti de la boutique, atteint 61 pour cent de la quantité totale de jus. Si l'on passe le fruit au four à micro-ondes, on atteint 65 pour cent, tandis qu'en le roulant on atteint 66 pour cent.

Les trois résultats sont en fait les mêmes, si l'on tient compte des marges d'erreur. Mon scepticisme était à nouveau justifié. Ni le four à micro-ondes, ni le fait de rouler le fruit avant la pression manuelle n'augmentent la quantité de jus obtenu.

Mais, c'est ici qu'intervient la grande surprise : exercer une action de rouler, suivie par un passage au four à micro-ondes rend le citron si vulnérable à la pression que le rendement passe à 77 pour cent de la totalité du jus, c'est-à-dire 26 pour cent de plus que lorsque je n'avais rien fait au préalable. Pratiquement, le jus jaillit et je me vois obligé de couper mes citrons au-dessus du collecteur de jus pour ne rien perdre.

Voici ce qui, selon moi, se produit. Roulez les citrons et vous aurez une certaine quantité de vacuoles, ces petites poches pleines de jus dans les cellules du fruit, qui éclatent.

Mais, la tension superficielle (qui force ces gouttelettes à être sphériques) et la viscosité sont toutes deux importantes. En conséquence, lorsque le liquide est chauffé, la tension superficielle et la viscosité diminuent substantiellement si bien que le jus s'écoule plus facilement qu'on aurait pu s'y attendre, si je n'avais pas fait une lecture constante de la viscosité affichée sur le viscosimètre. À titre de comparaison, sachez qu'en moyenne, après être passée au four à micro-ondes, l'eau (que l'on peut comparer au jus de citron) s'écoule plus facilement. Ceci se vérifie également avec de l'eau chaude.

Ainsi, en conclusion, le frottement ouvre les portes (les vacuoles) et les micro-ondes facilitent le passage.

Résumé

☞ **Si vous avez un presse-agrumes, le fait de rouler votre citron ou de le passer au four à micro-ondes n'aura aucun effet. Mais, si vous les pressez à la main, roulez-les sur une table en pressant fortement dessus et passez-les au four à micro-ondes avant de les presser.**

Je n'ai pas fait ces expériences avec des citrons jaunes mais je pense que les résultats seront les mêmes.

Quel est le maximum de jus que nous pouvons extraire d'un citron ? Ce fruit est particulièrement inconstant et les recettes devraient donc nous dire le volume de jus nécessaire plutôt que « le jus d'un demi-citron ».

Vous pouvez en moyenne tirer 55 à 70 grammes de jus par citron. Et surtout, méfiez-vous et ne croyez pas que le plus beau est le plus juteux !

Kiosque des sciences

Au voleur !

Pour des raisons plus élaborées que celles que nous voulons vous transmettre, les atomes de fer retiennent plus fermement leurs électrons que ne le font les atomes d'aluminium. Le fer est dit plus **électronégatif** que l'aluminium.

Ainsi, si les deux métaux sont mis en contact dans un liquide capable de conduire le courant (**un électrolyte**), tel que par exemple l'eau du lave-vaisselle dans laquelle est dissous du détergent, les atomes de fer vont réellement voler des électrons aux atomes d'aluminium.

Ce transfert d'électrons constitue un flux de courant électrique. L'électrolyte complète le circuit.

Ces atomes d'aluminium déficients en électrons (**cations**) se hâtent dès lors de retrouver un complément d'électrons en réagissant avec quelque chose – n'importe quoi – capable de donner ces électrons.

La surface du métal « aluminium » réagit donc avec des ions négatifs (**anions**) qui se trouvent dans la solution et qui s'y déposent en une couche d'apparence terne d'un composé d'aluminium, le plus souvent de l'oxyde d'aluminium.

Glossaire

Acide. Tout composé chimique qui produit des *ions* hydrogène (H^+) dans l'eau. (Les chimistes utilisent parfois une définition plus large). Les acides ont des forces différentes mais ils ont tous un goût aigre.

Acide aminé ou aminoacide. Un composé organique qui contient un groupe amine ($-NH_2$) et un groupe acide ($-COOH$). Dans ces formules H = hydrogène, N = azote, C = carbone et O = oxygène. Les protéines contiennent des acides aminés. Il y en a vingt principaux.

Acides gras. Les acides organiques liés au glycérol et qui forment les glycérides que l'on retrouve dans les graisses et les huiles. La plupart des graisses naturelles sont des *triglycérides*, qui contiennent trois molécules d'acides gras par *molécule* de graisse.

Alcaloïde. Un composé azoté d'origine végétale, qui a un goût amer. Citons l'atropine, la caféine, la cocaïne, la quinine, la strychnine, la codéine, la nicotine, l'héroïne et la morphine.

Antioxydant. Un composé chimique qui prévient les oxydations indésirables dans les aliments et dans le corps. Dans les aliments, la réaction d'oxydation la plus commune est le rancissement. Parmi les antioxydants en général utilisés dans les aliments, citons l'hydroxytoluène butylé (BHT), l'hydroxyanisole butylé (BHA) et les *sulfites*.

Atome. La plus petite unité d'un élément chimique. Chacun des plus de cent éléments chimiques que nous connaissons est composé d'atomes qui lui sont propres.

Base. Dans le langage courant, tout composé chimique qui produit des *ions* hydroxyde (OH^-) dans l'eau, comme la soude (hydroxyde de sodium) et le bicarbonate de soude. Les acides et les bases se neutralisent pour former des *sels*.

Calorie. Une unité d'énergie, en particulier utilisée pour quantifier la quantité d'énergie qu'un aliment fournit lorsqu'il est métabolisé par le corps. Une kilocalorie vaut 1 000 calories.

Dipôle. Une *molécule* dont les deux extrémités portent deux charges égales mais opposées.

Disaccharide. Un sucre que l'on peut couper (hydrolyser) en deux sucres simples ou *monosaccharides*. Le disaccharide le plus connu est le saccharose, le sucre principal dans le sucre de cane, les betteraves à sucre et le sirop d'érable.

Électron. Une particule élémentaire portant une charge électrique négative et qui occupe l'espace autour du noyau d'un *atome*.

Enzymes. Les protéines produites par les êtres vivants. Celles-ci ont pour fonction d'accélérer (catalyser) des réactions biochimiques spécifiques. Comme ces réactions sont extrêmement lentes, la plupart d'entre elles ne se produisent pas sans l'enzyme adéquate. Étant des protéines, les enzymes peuvent se dégrader dans des conditions extrêmes telles que des températures élevées.

Glucide. Classe de composés chimiques que l'on trouve dans le monde vivant et qui inclut les sucres, l'amidon et la cellulose. Les glucides sont des sources d'énergie pour les animaux et font partie de la structure des plantes.

Glucose. Un sucre simple ou *monosaccharide*. Il circule dans le sang et il est le composé principal de la famille des glucides.

Hémoglobine. La protéine rouge contenant du fer qui transporte l'oxygène dans le sang.

Ion. Un *atome* ou groupe d'atomes chargés électriquement. Un ion chargé négativement a un excès d'*électrons* et un ion chargé positivement manque d'électrons.

Lipide. Toute substance grasse, cireuse ou huileuse présente dans les êtres vivants. Ces substances se dissolvent dans les solvants organiques comme le chloroforme ou l'éther. Les graisses et des huiles ainsi que d'autres composés apparentés font partie des lipides.

Micro-ondes. Ondes électromagnétiques qui, dans l'échelle des ondes, se situent entre le rayonnement infrarouge et les ondes radio. Elles pénètrent de quelques centimètres dans les solides.

Molécule. La plus petite unité d'un composé chimique, constituée de deux ou plusieurs *atomes* liés.

Monosaccharide. Un sucre simple qui ne peut se décomposer (s'hydrolyser) en d'autres sucres. Le monosaccharide le plus connu est le *glucose* ou sucre sanguin.

Oxydation. La réaction d'une substance avec l'oxygène, généralement l'oxygène de l'air. Plus généralement une réaction au cours de laquelle un *atome*, un *ion* ou une *molécule* perdent un ou plusieurs *électrons*.

Polymère. Une très grande *molécule*, constituée de nombreuses unités moléculaires identiques liées ensemble (souvent des centaines).

Polysaccharide. Un sucre dont les molécules peuvent être décomposées (hydrolysées) en plusieurs *monosaccharides*. La cellulose et l'amidon sont des polysaccharides.

Sel. Le produit de la réaction entre un *acide* et une *base*. Le chlorure de sodium ou sel de table est de loin le sel le plus connu.

Triglycéride. Une *molécule* composée de trois molécules d'*acides gras* liées à une molécule de glycérol. Les graisses et les huiles naturelles contiennent surtout des mélanges de triglycérides.

Index

B

C

D

Photocomposition : **SCM**, Toulouse

050776-(I)-(4)-OSB 100°-SCM-VCT

STEDI MEDIA, 1, boulevard Ney, 75018 Paris
Dépôt légal, Imprimeur, n° 10185
Dépôt légal : avril 2008
Imprimé en France